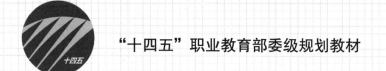

"十四五"职业教育部委级规划教材

U0692891

新型纱线产品开发

XINXING SHAXIAN CHANPIN KAIFA

王曙东　赵菊梅◎主　编

尹桂波　戴　俊◎副主编

中国纺织出版社有限公司

内 容 提 要

本书全面而系统地阐述了新型纱线产品开发的核心理念与实践规范。其核心内容包括：新型纱线的认识与分析、基于客户订单的定制化色纺纱开发与设计、紧贴市场潮流的多元组分功能纱线开发与设计以及前瞻性的创新纱线开发与设计。书中不仅详述了新型纱线开发与设计的关键要素，还深入探讨了创意构思的具体方法和实施细节。

本书可作为高等院校纺织专业的教材，也可作为纺织类科研单位和企业技术管理人员、产品创新研发人员、工程技术人员及营销人员的培训教材及自学的参考用书。

图书在版编目（CIP）数据

新型纱线产品开发 / 王曙东，赵菊梅主编；尹桂波，戴俊副主编. --北京：中国纺织出版社有限公司，2025. 2. --（"十四五"职业教育部委级规划教材）.
ISBN 978-7-5229-2545-5

Ⅰ. TS106. 4
中国国家版本馆 CIP 数据核字第 2025H967B3 号

责任编辑：沈 靖 刘夏颖　　责任校对：高 涵
责任印制：王艳丽

中国纺织出版社有限公司出版发行
地址：北京市朝阳区百子湾东里 A407 号楼　邮政编码：100124
销售电话：010—67004422　传真：010—87155801
http://www.c-textilep.com
中国纺织出版社天猫旗舰店
官方微博 http://weibo.com/2119887771
三河市宏盛印务有限公司印刷　各地新华书店经销
2025 年 2 月第 1 版第 1 次印刷
开本：787×1092　1/16　印张：12.75
字数：258 千字　定价：58.00 元

前　言

在科技日新月异的今天，创新已成为推动现代纺织产业高质量发展的核心引擎。随着技术的不断革新，纺织行业对既掌握专业技术又具备创新能力的高素质人才需求越发迫切。企业不仅亟须寻求能够引领技术革新的专业人才，也亟须一本集理论性与实践性于一体、能够全面指导新型纱线产品开发的实用参考书。

本书是盐城工业职业技术学院与江苏悦达纺织集团等企业深度合作、产教融合的结晶，旨在通过职场化项目教学，实现"学做合一"的教育理念。本书不仅符合高等职业院校的教学实际，更紧贴纺织行业的实际需求，以"岗位引领"为导向，系统阐述了新型纱线产品从基本做法到创新设计的开发全过程。

本书采用任务驱动型教学模式，通过职场化典型案例项目，如企业订单来样产品的开发与设计、市场流行的新型功能纤维多元混纺纱线的开发与设计等，让读者在真实的工作场景中学习与实践。这种编排方式不仅增强了教材的实用性和针对性，也极大地激发了读者的学习兴趣和创新思维。

在内容编排上，本书循序渐进地引导读者进行职场化任务分析和设计实践，鼓励团队与个人相结合，通过讨论调研、上机操作、做中学、做中教的方式，全面提升读者的创新设计能力和综合职业素养。无论是对于高等院校的师生，还是对于纺织行业的从业者，都是一份不可多得的宝贵资料。

本书的作者团队由盐城工业职业技术学院王曙东、赵菊梅，江苏工程职业技术学院尹桂波，江苏悦达纺织集团有限公司戴俊，以及盐城工业职业技术学院赵磊、张圣忠等组成。他们不仅拥有深厚的理论功底，更积累了丰富的实践经验。在编写过程中，得到江苏新金兰纺织制衣有限责任公司等众多企业界朋友的大力支持，还汲取了业界专家提出的宝贵意见。在此，我们一并表示衷心的感谢。

由于作者水平有限，书中难免存在疏漏和不足之处，诚挚地欢迎广大读者提出宝贵的意见和建议，以便在未来的修订中不断完善，更好地服务于纺织行业的人才培养和技术创新。

作　者
2025 年 1 月

目 录

○ 项目一 / 认识与分析新型纱线

◎**学习目标**

（1）熟悉新型纤维原料的种类、加工方法、主要纤维性能及纺纱性能。

（2）认识新型纺纱方法的种类，能熟练说出其纺纱原理、工艺要点及纱线基本特征和性能。

（3）能正确区分常见新型纱线的种类，并熟知其生产原理、纱线性能及工艺要点。

（4）能运用科学的方法对常见新型纱线产品进行技术参数分析，形成可供后续设计生产的样品分析报告。

（5）熟悉新型纱线产品的应用领域，了解新型纱线产品的开发思路。

◎**项目任务**

随着全球技术创新和经济深度融合，纺织行业迎来转型升级的关键时期。从技术创新层面来看，纱线行业因新质生产力发生了从量变到质变的飞跃，高性能纤维的开发成果颇丰，纱线智能制造技术得到广泛应用，极大地提升了纱线产品的品质和性能。同时，自动化、数字化和人工智能等尖端技术的引入，使得纺纱生产过程更加精准高效，不仅极大地提升了生产效率和产品附加值，也在很大程度上解决了用工问题，为整个行业注入了全新的发展动力。在产品开发方面，纱线产品，特别是服用纱线产品，基本脱离了传统白坯纯纺纱品种的市场，具有多元属性的新型纱线占据市场主导地位，绿色环保、性能多样、亲肤舒适、时尚健康的新型纱线产品越来越受到人们的青睐和欢迎。

新型纱线生产企业中，纱线产品开发主要分为三个层次：定制生产、改进设计和全新开发。定制生产和改进设计是企业日常产品开发设计工作的主体，而其前提是首先能够认识从客户或市场接收到的新型纱线样品，准确分析这些样品是开发生产满足客户产品要求的基础。作为企业的产品开发设计人员，接到客户提供的原料新型纱线、结构新型纱线或功能新型纱线，应该能够准确地构建分析思路，运用科学的分析方法和程序，实施样品分析，获得正确的技术参数，形成可作为后续设计生产依据的样品分析报告。

➢ 【课前导读】

任务一　认识新型纱线

【任务导入】

2024年5月3日，嫦娥六号成功发射，历时53天成功着陆月背南极"艾特肯盆地"。

此次嫦娥六号在月背展示的国旗材质非常特殊，它是用一种叫作玄武岩的"石头"制成。嫦娥六号月面国旗研制团队的成员武汉纺织大学的王运利教授介绍说：月球的环境下，它的高低温是零下150℃和零上150℃这么高的温差。因为月球没有大气保护，紫外线会直接照射到物体上。所以，对国旗提出了更加严苛的环境要求。通过公开研究月壤的文献，发现月球上玄武岩的组分是很复杂的，有一二十种成分，最主要的是二氧化硅。在匹配中，对石头进行了分析，发现它的数据和月壤的成分非常接近。最终，选择了河北蔚县的玄武岩矿。就这样，河北蔚县的玄武岩被选为制造嫦娥六号国旗的原材料。由于要用到航天器上，月面国旗的重量要求极为苛刻，需要在同样的尺寸下，保持一样的重量。研制人员推算出，这需要把玄武岩纤维做到每1000m重8.8g的密度才不会超重。但这么细的玄武岩纤维要怎么生产出来呢？研制团队经过无数次的试验，在一次生产过程中发现，对喷丝板内腔结构进行梯形优化，再配合炉内分布式精准控温，可以解决玄武岩纤维特性不足的问题。最终，研制团队成功实现了超细玄武岩纤维的稳定量产，他们做出来的嫦娥六号国旗的重量只有11.3g，比嫦娥五号国旗还要轻0.5g。月面国旗研制团队历时近4年，攻克了玄武岩超细纤维纺纱、织造及色彩构建等诸多国际难题，最终在月背完美呈现"中国红"（图1-1）。

图1-1　嫦娥六号月背展国旗

自20世纪80年代以来，我国纱线行业从一穷二白到现在遍地开花，中国制造的纱、面料、服装远销世界各国，一跃成为全球纺织制造业第一强国。纱线制品也从纯棉环锭纱、涤/棉环锭纱等普通品种向新原料、新工艺、新设备、新技术等多个维度延伸，下面通过两个任务，以建立对新型纱线的初步认识。

（1）给定新型天然纤维、新型纤维素纤维、新型化学纤维分别1~2种，用显微镜观察区分几种新型纤维原料的大类，并说出该类纤维的加工方法和纤维纺纱性能。

（2）用干定量为5.53g/10m的纯棉粗纱（赛络纺为2.76g/10m），在赛络纺纱、紧密纺纱、包芯纱、竹节纱等细纱设备上纺制规格（基纱）为18.5tex的纱线品种，并简述这四种纱线的纺纱工艺要点及纱线性能特点。

【知识准备】

新型纱线赏析

近年来，环锭纺、转杯纺及涡流纺等纺纱方法通过不断的工艺技术改进与产品设计创新，已经彻底改变了传统纱线生产业，新型纱线品种日新月异、性能多样、用途广泛，为中高档纺织产品的开发提供了良好的基础，同时对人们物质生活水平的提高做出了很大的贡献。新型纱线产品的开发不仅适应了全民创新的时代需求，同时也是我国传统纺织行业转型升级的必然途径。

所谓新型纱线，是指区别于传统纱线产品，在纱线原料、工艺技术、纺纱方法、功能、用途等方面有所创新的纱线。新型纱线通常具有新颖的功能特性、特殊的纱体结构或者显著的色彩特征。新型纱线产品开发应以环保、经济、耐用为原则，追求健康、舒适与时尚。与传统的纱线市场相比，新型纱线市场有着显著的区别和特征。

一、新型纱线的市场特点

（1）新型纱线一般开发成本较高，工艺难度较大。纱线生产工艺流程长，涉及工艺技术人员及产品生产人员较多，新产品从设计试制、小样、试用反馈到投放市场，开发者需要花费巨大的人力、物力和财力。

（2）新型纱线市场适应性各异，产品周期更替较快。新品种纱线的市场适应性及应用性需经历较长一段时间的市场反馈和考验，因为工艺或设计的瑕疵，或者产品上市后很快有综合性能更加优异的替代品问世，导致很多新型纱线产品面世后很快便悄然退出市场。

（3）新型纱线市场规范难以完善，产品的市场流通受到质量标准不健全的限制。新型纱线产品品种多、周期快，工艺技术及质量指标难以统一，且仍有较大改进空间，产品质量标准较多参考开发者的企业标准或客户的定制标准，缺乏公平性和公正性，在很大程度上限制了新产品的发展。

二、新型纱线的种类

近年来，市场流行的新型纱线归纳起来主要有原料新型纱线、结构新型纱线、工艺新型纱线、功能新型纱线和用途新型纱线等多种。这些新型纱线的开发生产一般基于新型原料纺纱、新型设备纺纱等。

新型纱线分类1

（一）新型原料纺纱

1. 新型纤维原料的选用

与新型纱线市场相比，新型纤维的开发同样日新月异，采用新型纤维纺制的纱线产品给人以全新的应用体验，较易在市场上推广。按照纤维物理化学结构及生产方式不同，新型纤维原料大致可以分为以下几类。

（1）新型天然纤维。如新型基因技术生产的本草棉（图1-2）、彩棉、木棉，采用纯有机方式生产的有机棉；采用新型提取工艺，从天然植物原料中获取的桑皮纤维、棉花秸秆纤维、生姜纤维、木芙蓉纤维等；采用新型改性技术，赋予天然纤维复合性能的抗菌棉、防缩羊毛（图1-3）、多孔穴真丝等。新型天然纤维在抗菌抑菌、保健、防紫外线等领域各有所长，具有良好的应用前景。

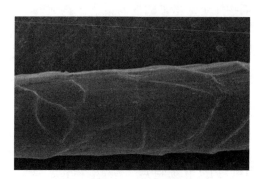

图1-2　本草棉　　　　　　　　　　图1-3　防缩羊毛表面结构

（2）新型纤维素纤维。采用特殊工艺在传统黏胶或天丝的纺丝液中添加具有特殊功能的组分，纺制功能性新型纤维素纤维。如添加生物质石墨烯的内暖纤维（图1-4），强化了黏胶纤维固有的吸湿性、透气性，织品光洁柔软，手感滑爽，不宜褪色；同时，极佳地体现了生物质石墨烯的功效，最明显的是增强了远红外功效，即在 $20 \sim 35 ℃$ 低温状态下，对 $6 \sim 14 \mu m$ 波长远红外光吸收率达 88% 以上，可有效改善身体微循环，疏通经络，达到对人体的保健作用，同时还具有优良的抗菌性能和防静电功能。再如芦荟黏胶纤维、冰薄荷黏胶纤维、冰氨黏胶纤维、蚕蛹蛋白黏胶纤维、草珊瑚黏胶纤维、相变调温黏胶纤维（图1-5）、抗菌黏胶纤维、板蓝根黏胶等，都赋予了比传统黏胶纤维更优越的服用性能。此外，寻求新型纤维素原料，也是新型纤维素纤维开发的重要途径，如天竹纤维、木纤维、麻赛尔纤维、莱赛尔纤维等，当然也有相应的复合功能纤维，如零碳莱赛尔纤维、抗菌莱赛尔纤维、莱赛尔海藻纤维等。

图1-4　石墨烯内暖纤维　　　　　　图1-5　相变调温黏胶纤维

（3）新型再生蛋白质纤维。再生蛋白质纤维作为一种新型的纺织原料，一般是从天然牛乳或植物（如花生、玉米、大豆等）中提炼出的蛋白质溶液经特殊工艺纺丝而成的，可分为再生植物蛋白质纤维与再生动物蛋白质纤维。再生蛋白质纤维具有良好的物理化学性能和保健性能，应用广泛，具有良好的发展前景，近年来受到社会各界的广泛关注。

（4）新型化学纤维。通过化学合成或改性，改善传统化学纤维性能，如记忆丝 PTT、聚酯/聚酰胺复合纤维等。

通过高科技手段，将功能性纳米级微粒加入纺丝液中，生产具有特殊功能的化学纤维。这种新型纤维品种较多，常见的有夜光纤维（图 1-6）（见封二彩图 1）、珍珠纤维（图 1-7）、竹炭纤维、芳香纤维、负离子纤维、发热纤维、阻燃纤维、耐热纤维、止血纤维、防辐射纤维、气凝胶纤维、凉感纤维等。这些具备特殊功能的纤维原料，除应用于日常生活所需，还可广泛用于各种特殊产业，诸如军事、航海、航天、消防、建筑、医学、娱乐等。

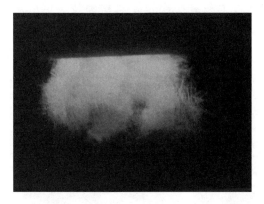

图 1-6　夜光纤维

图 1-7　珍珠纤维

此外，通过物理结构的改变，即改变喷丝孔形状，生产具有异形横截面结构的新型化学纤维，如图 1-8 所示。此类化学纤维一般具有芯吸功能，可显著改善化学纤维吸水持水性差、亲肤性差的特性，部分产品吸水性能可提高数十倍。此类产品多用于运动用品、特殊用途抹布等领域。

（5）有色纤维。有色纤维是指纤维本身具有或通过原液着色法、染色法等获得色彩的纤维。利用有色纤维生产的纱线统称为色纺纱，色纺纱一般由两种或两种以上不同色泽、不同性能的纤维混纺成纱。色纺纱可实现白坯布染色所不能达到的色彩效应，还可以减少面料在印染后整理时，各种纤维因收缩或上染性能差异而造成的布面疵点。由于色纺纱最终色光是多缸纤维色光的混合，具有双色或多彩感，能达到夹花朦胧的效果，制成的面料呈现多种色彩、手感柔和、质感丰满的风格特征，从而提高了产品的附加值。

色纺产品自推向市场以来，受到消费者的广泛欢迎和青睐，其产品早已跨越普通结构的环锭纱，不仅混色方式多种多样，纱线结构也形式各异。常见品种有普通色纺

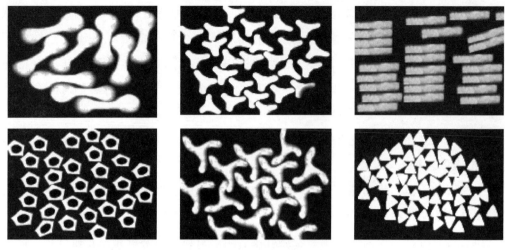

图1-8 异形纤维横截面

纱（图1-9）（见封二彩图2）、麻灰纱（图1-10）、段彩纱（图1-11）（见封二彩图3）、彩点纱、竹节纱等，所纺制的色纺产品色彩柔和有层次感，风格独特，可广泛用于休闲服、运动服、内衣、牛仔服等领域。

图1-9　色纺纱　　　　　　图1-10　麻灰纱　　　　　　图1-11　段彩纱

2. 新型组分的设计

传统的纺纱产品设计对混纺纱的原料选择应考虑组分间的纺纱性能差异，差异越小，越利于纺纱生产。随着纺纱技术的改进，人们克服了因混纺组分间纺纱性能差异带来的工艺技术难点，将彩棉、羊绒、蚕丝、麻纤维、桑皮纤维等可纺性较差但本身有着无可取代优势的纤维成功应用于混纺纱领域，通过原料组分的合理巧妙设计，将有特殊亲肤性、保健性、抗菌抑菌性等的纤维与可纺性、服用性较好的纤维相结合，取长补短，开发了多种多样的高端纱线品种，很大程度上提高了产品附加值。如棉/羊绒/蚕蛹蛋白（70/20/10）14.5tex 混纺纱，以棉为主体成分，加入集保暖、柔软、亲肤于一体的高端羊绒纤维，结合具有氨基酸结构的保健蚕蛹蛋白纤维，有效提升了产品档次，不仅舒适耐用，而且有效控制了高档纱的生产成本。此类产品广泛应用于婴幼儿服装、内衣、袜类、床上用品等领域，获得了较为理想的市场认知度和美誉度。

（二）新型设备纺纱

1. 传统环锭纺装备技术创新

（1）赛络纱。生产原理：在细纱机上同时平行喂入两根保持一定间距的粗纱，经过由后罗拉和后胶辊、上下胶圈以及前罗拉和前胶辊共同构成的牵伸区进行连续牵伸后，由前罗拉输出有间距的两根单纱须条，如图1-12、图1-13所示，并由于捻度的传递而使各单纱须条上带有少量的捻度，并合后被进一步加捻成类似合股的纱线。赛络纺纱是在改造后的环锭细纱机上进行纺纱的。

新型纱线分类2

图1-12 赛络纺纱

图1-13 赛络纺纱示意图

主要工艺：

①由于采用双粗纱喂入，粗纱架要进行增容改造，粗纱采用较小的卷装，粗纱定量有一定的减小，相应地需采用双槽喇叭口。

②要生产类似股线风格较细的纱线，除了粗纱采用小定量外，细纱机应采用较大的牵伸倍数，因此对细纱机牵伸机构要求较高。

③由于双粗纱喂入，为了防止其中一根断头，而另一根继续生产的现象，应加强值车管理，减少看台或在导纱钩到前罗拉间安装断头检测装置。

主要性能：赛络纱强力较普通环锭纱提高约10%，与股线相比强力低，条干优于单纱且与股线接近，具有较好的断裂伸长率，毛羽显著减少。

（2）紧密纱。生产原理：紧密纺纱是为了克服传统环锭纱加捻三角区缺陷而创新开发的新型纺纱方法。目前主要有气流集聚和机械集聚两种形式，常见的气流集聚紧密纺在环锭细纱机牵伸装置上利用气流增加一个纤维凝聚区，如图1-14所示，纤维须条从前罗拉钳口输出前，先经过异形吸风管外套的网眼皮圈，使须条在网眼皮圈上运动。由于气流的收缩和聚合使用，通过异形管的吸风槽使须条集聚、转动，逐步从扁平带状转变成圆柱体。

主要工艺：

①由于在抽吸鼓上的抽吸作用，要求须条在抽吸鼓上的宽度不得大于 4mm，因此喇叭口的横动很小。由此可知，皮辊的磨损是显而易见的。普通细纱机的前皮辊能用 6 个月，紧密纺细纱机的前皮辊只能用 3 个月。此外，网格圈因直接与须条接触，也较易磨损或堵塞，须定期保养和更换。

②与传统环锭纺相比，纺制相同等级的纱线，紧密纺在原料选配时可适当降低原料品级，并采用较低的细纱捻系数，产量可提高约 20%。

主要性能：紧密纱与环锭纱相比，纱线强力增加约 15%，毛羽减少约 50%，其在纱线结构上具有较高的排列密度，耐磨性能提高；纱体光洁，粗节、棉结和长短毛羽明显减少，如图 1-15 所示，其织物光泽柔和、耐用性好，可有效提升纺织产品的档次。

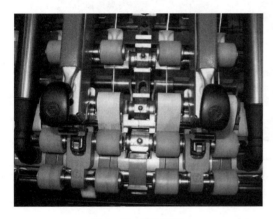

图 1-14 紧密纺纱

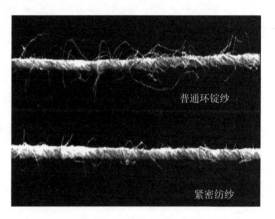

图 1-15 紧密纺纱与普通环锭纺外观对比

（3）包芯纱。生产原理：在环锭细纱机上加装一组芯丝（纱）喂入装置生产的一种皮芯结构复合纱。通过皮芯原料的改变，可以生产多种形式的包芯纱。一般以化纤长丝为芯外包短纤维形成包芯纱结构。常见的包芯纱生产，短纤维经过正常纺纱生产制成粗纱，化纤长丝通过细纱机的附加装置和张力控制装置，经长丝导入装置喂入前罗拉，同牵伸过的短纤维须条汇合于细纱机前罗拉钳口处，经前罗拉输出后，经过导纱钩，在钢领钢丝圈加捻卷绕下形成包芯纱，如图 1-16 所示。

图 1-16 包芯纺纱

主要工艺：

①棉部分一般采用精梳工艺，在细纱机前罗拉钳口处的须条与喂入长丝精准并合，一般停用粗纱横动装置，确保长丝处于须条中央，防止露芯疵纱产生。喂入粗

纱定量根据包棉率、芯纱含量及细纱牵伸倍数决定。

②长丝喂入罗拉钳口前需附加适当的预加张力。

③细纱工艺。根据芯纱含量适当控制芯纱张力及预牵伸倍数；捻系数的选择：常用捻系数为350~400；必须采取加大前罗拉张力、增大钳口隔距、适当放大前中罗拉隔距等措施，减少牵伸力，防止前胶辊滑溜造成"硬头"；钢丝圈的选择：应考虑通道宽敞，调整周期适当，防止通道磨损处而损伤长丝。

主要性能：包芯纱抗拉伸性、抗撕裂性和抗收缩性好；吸湿好，静电少，不易起毛起球；高弹、高模、低伸长、耐切割。可广泛用于各类针织和机织面料。

（4）竹节纱。生产原理：常见竹节纱因生产原理不同，大致可分为以下四类。

①变牵伸型竹节纱。通过瞬时改变机器的牵伸倍数以形成竹节，可采用改造后的环锭细纱机或转杯纺纱机纺制。

②植入型竹节纱。在前钳口后面瞬时喂入一小段须条而形成竹节。先将短纤维纺制成符合一定工艺要求的粗细均匀的须条，再将须条喂入牵伸装置中区，通过改变牵伸倍数，从牵伸装置输出的须条上便形成粗节。

③牵伸波型竹节纱。利用短纤维的浮游运动性产生条干不匀的原理，如在一根或数根长丝中加入适量可纺短纤维，即在喂入纱条中增加短纤维的含量，并在细纱机上调整相关工艺器材及参数，如去掉上销及上下皮圈，保留下销，利用短纤维制造牵伸波使缠绕在长丝上的短纤维形成竹节。

④涂色型竹节纱。利用人的视觉效应，分段对普通纱线印色，产生类似竹节效应的竹节纱。

主要工艺：根据竹节纱生产原理不同采用不同工艺。生产中常用变牵伸竹节，在传统环锭纺细纱机上进行改造，加装无极调速装置，瞬时改变罗拉转速，实现牵伸倍数的瞬时改变。需要注意的是，竹节粗度、节长、节距应设置为一定范围内的随机值，以防出现不良的布面效果。

主要性能：竹节纱具有特殊的表面结构（图1-17），其制品具有独特的风格特征，常被制成仿麻类高档纺织面料，然而其竹节部分的结构松散，毛羽较多，生产难度较大，其织物耐用性受限，多用于机织面料的生产（图1-18）。

（5）赛络菲尔纱。生产原理：在赛络纺基础上用一根长丝取代其中一根粗纱，与另一根单纱交捻成纱，其最终成纱由长丝和短纤维两种不同组分构成。在赛络菲尔纺纱过程中，粗纱须条通过正常牵伸，长丝则通过导丝装置从前罗拉喂入，粗纱与长丝间保持一定的间距，两种组分通过在前罗拉输出钳口后直接并合加捻成纱，如图1-19所示。

主要工艺：在环锭细纱机上进行改造。

①重构排列粗纱架，将粗纱架增加一倍以适应双组分长丝和粗纱喂入。

②停用粗纱横动装置。

图1-17　竹节纱

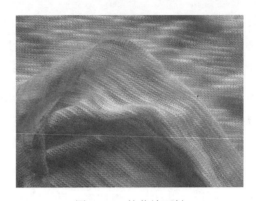

图1-18　竹节纱面料

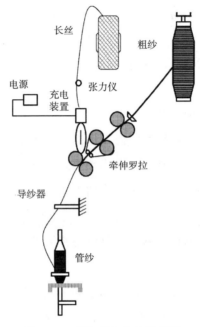

图1-19　赛络菲尔纺纱示意图

③加装长丝导纱装置，保证长丝准确喂入。

④前后牵伸区加装双槽集合器以控制牵伸须条的间距。

⑤加装单纱打断装置。

主要性能：纱线刚性较大，捻系数大，织物紧度大；赛络菲尔纱的断裂强度与断裂伸长均比赛络纱要高，毛羽也进一步减少，故其纺纱号数更细，可以用作高档轻薄面料用纱。同时，用一根长丝代替粗纱既可降低纺纱成本，又可提高纺纱支数。

（6）其他新型环锭纺纱。除上述常见的环锭纺设备改造技术，还有诸如嵌入纺纱（图1-20）、段彩纺纱、低扭矩纺纱等多种新型环锭纺技术，为新型纱线产品的开发提供了形式多样、优势各异的技术支撑。同时，利用这些新型纺纱工艺设备，可以开展多元组合开发，形成千姿百态的新型纱线。

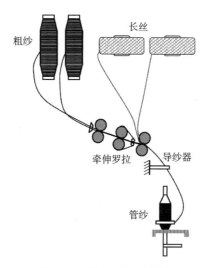

图 1-20　嵌入纺纱示意图

2. 传统环锭纺纱工艺技术创新

（1）弱捻纱与强捻纱。加捻是环锭纺纱提高纱线强力的核心环节，一般认为细纱捻系数小于 300 称为弱捻纱，大于 500 称为强捻纱。弱捻纱多作起绒用纱，毛巾用的"无捻纱"就是其中一种，如图 1-21 所示。强捻纱捻系数一般在 600~700，经织造、整理后在布面上会产生均匀的皱纹，形成风格独特的绉布，如图 1-22 所示，布面滑爽透气，常用于夏季服装面料。

图 1-21　弱捻纱制品

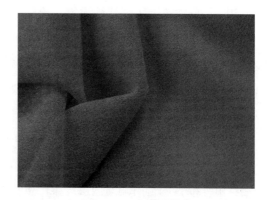

图 1-22　强捻纱制品

（2）反手纱（Z 捻）与顺手纱（S 捻）。传统环锭纺生产的纱线一般为反手纱，即纱线捻向为 Z 捻，如图 1-23 所示。纱线捻向的设计主要考虑到细纱挡车工人的操作习惯，若从 Z 捻改纺 S 捻，须根据机型做工艺设备调整，如将细纱机车头的工艺齿轮调整到 S 捻传动模式，调节主电动机转向，将锭带轮方向调整到 S 捻方向，避免锭带脱落等。随着工艺自动化程度的不断提高，纱线捻向的设定越来越自由。纱线捻向会较大地影响织物的外观和手感，利用经纬纱捻向不同和织物组织的变化，织制纹路清晰、组织点突出，光泽手感较好的织物，也可通过捻向不同纱线的排列形成隐条隐格的面料风格。在针织

图 1-23　纱线捻向示意图

物中采用反手纱（Z捻）与顺手纱（S捻）交替织造，是克服针织面料扭曲、变形、纬斜的有效方法之一。在合股线加工过程中，如采用顺手纱与反手纱合股加捻，能有效提高纱体内纤维间的抱合力，增加股线强力。

（三）新型纺纱设备的开发

（1）转杯纱。生产原理：喂入的纤维条被包覆有针布的回转分梳辊开松成单纤维流，随气流输送到高速回转的转杯内壁，在凝聚槽内形成纱尾，同时被加捻成纱引出，直接绕成筒子。

主要工艺：

①纺纱工艺流程较短，经过开清棉、梳棉、并条工序，直接利用棉条纺纱，减少了粗纱和络筒工序。

②开清棉工艺相对简化，棉条中的部分杂质和短绒由转杯纺纱机的除杂装置排除。

③采用具有排杂装置的转杯纺机，加捻杯速高，保持一定真空度，成纱结杂少、断头低。

④除对成纱纱疵有特殊要求外，一般不需要络筒工艺。

主要性能：转杯纱强力低于环锭纱，纺棉时较环锭纱低10%~20%，纺化纤时，低20%~30%；成纱条干比环锭纱均匀，转杯纱比较清洁，纱疵少而小，其纱疵数仅有环锭纱的1/4~1/3；转杯纱耐磨性好，一般转杯纱的耐磨性比环锭纱高10%~15%；转杯纱属于低张力纺纱，且捻度比环锭纱多，因而转杯纱弹性比环锭纱好；转杯纱捻度比环锭纱多20%左右，纱线的手感较硬；转杯纱结构蓬松，吸水性强，染色性和吸浆性较好，染料可少用15%~20%，浆料浓度可降低10%~20%。

几种常见纱线的外观性能对比如图1-24所示。

（2）涡流纱。生产原理：利用气流喷射在喷嘴内产生高速旋转气流，使须条的边纤维（一端自由纤维）的自由端对内层纤维产生相对角位移，使须条获得真捻而成纱。

主要工艺：

①分梳。分梳辊对纤维进行分梳，再接气流送至涡流管。

②凝聚并合。涡流管中高速回转的气流环带纤维回转，引纱剥去纤维，输出时尾纱得到加捻。

③细纱。采用涡流管成纱，断头后不需清扫。

主要性能：纱体上弯曲纤维较多、强力低、条干均匀度较差，但染色、耐磨性能较好。纱线强力可达到环锭纺的80%以上，强力不匀率低，用喷气涡流纱织布时其生产效率高于环锭纱。喷气涡流纱因外包纤维比例高，具有良好的抗起球性能，且纱线结构较蓬松，其

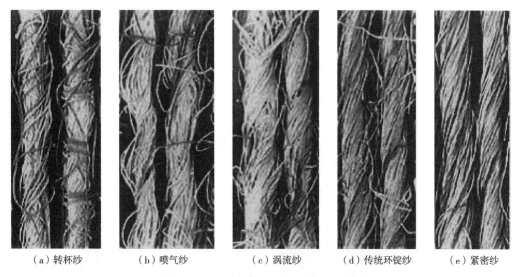

| （a）转杯纱 | （b）喷气纱 | （c）涡流纱 | （d）传统环锭纱 | （e）紧密纱 |

图 1-24 几种常见纱线的外观性能对比

染色性能与吸湿透气性能比喷气纱更佳。

（3）其他新型纺纱。新型纺纱方法多种多样，高速转杯纺、涡流纺作为新型纺纱方法的优秀代表，自动化程度高、效率高、产量高，越来越得到行业企业的重视，具有一定的市场占有率。除此之外，摩擦纺、尘笼纺、静电纺、数码纺等新型纺纱技术也不断受到人们关注。

（四）后加工花式纱线

生产原理：传统的花式纱线由芯纱、饰纱和固纱三个部分组成。芯纱经芯纱罗拉输送，经导纱罗拉进入空心锭子，饰纱经牵伸机构后进入空心锭子，饰纱的喂入速度不停地变化；固纱从空心锭子筒管上引出并一起进入空心锭子。三根纱同时喂入，在加捻器以前，芯纱、饰纱随空心锭子一起回转而得到假捻，而固纱由于从空心锭子上退绕下来，与芯纱、饰纱平行但不被假捻。通过加捻器后，芯纱、饰纱的假捻消失，而固纱包缠在芯纱和饰纱上，将由于饰纱超喂变化形成的花形固定下来，形成花式纱线，如图 1-25 所示。花式纱线生产中，芯纱需有一定张力，饰纱要有超喂，固线必须包缠，通过改变超喂比、牵伸倍数、捻度等工艺使得生产的花式纱线结构千变万化。常见的花式纱线如图 1-26（见封二彩图 4）所示。

主要工艺：

①超喂比。饰纱与芯纱的喂入速度比可以是恒定的，即饰纱速度以花式规律恒定于芯纱速度，也可采用变超喂，从而使花式不断变化。

②牵伸倍数。可以是恒定的，也可以不断变化，从而生产不同的花形。

③芯纱的张力。由张力器或罗拉进行调整，张力大小直接影响成纱质量及花形的稳定。

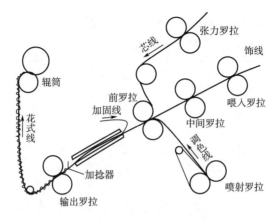

图 1-25　花式纱线加工示意图

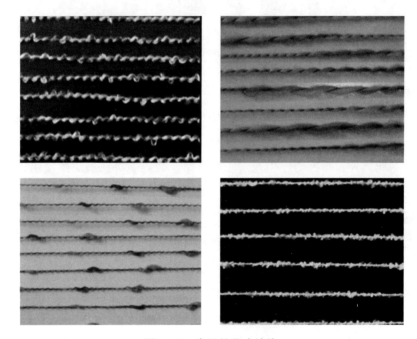

图 1-26　常见的花式纱线

④花式纱线的捻度。对筒管卷绕机型而言，指固纱对芯纱单位长度内包缠数。包缠数的大小，对花式纱的手感、外观、花式效果有直接关系。

【任务实施】

一、认识新型纤维

以小组为单位，发放标有序号的 5 个袋子，每只袋子里装有不同的新型纤维原料若干，要求小组同学通过显微镜观察，迅速区分纤维大类，查阅文献资料，了解该类纤维的加工方法和纤维主要性能。

新型纤维

1. 实施准备

工作对象：5 种纤维样品若干，标识好序号。

仪器、工具和试剂：火棉胶 50mL，蒸馏水 50mL，50mL 滴瓶 2 只，载玻片 10 片，盖玻片 10 片，镊子 1 把，哈氏切片器 1 个，显微镜 1 台。

工作条件：1 个标准大气压，气温 20℃±5℃，空气湿度 65%±5%。

2. 切片制作与观察

（1）横截面切片制作与观察。抽取 1 号样品一束，用手扯法整理平直，将其放入哈氏切片器的凹槽中，填充的纤维数量应以轻拉纤维束时稍有移动为宜。用锋利的单面刀片切去露在哈氏切片器正反面外的纤维，将螺座转回原位，旋转精密螺丝半格或一格，使纤维束稍微伸出金属板表面，然后在露出的纤维上涂上薄薄一层火棉胶，待火棉胶干后，使用锋利的单面刀片沿金属板表面以 10°左右的角度切片。用镊子夹取切片置于载玻片上，滴入蒸馏水，盖上盖玻片，置于显微镜载物台上，调整适当放大倍数，截取观察到的影像，并做好记录。其他样品方法一致。

（2）纵向样品制作与观察。抽取 1 号样品数根，整理整齐后置于载玻片上，滴入蒸馏水，盖上盖玻片，置于显微镜载物台上，调整适当放大倍数，截取观察到的影像，并做好记录。其他样品制作与观察方法一致。

3. 实验结果

实验结果如图 1-27～图 1-31 所示，经过 500 倍显微镜放大，获得几个样品的横截面及纵面结构的清晰照片。

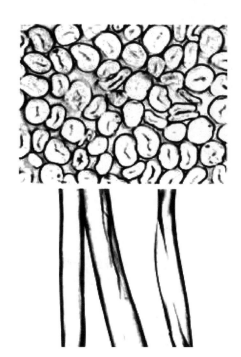

图 1-27　1 号样品（500 倍）

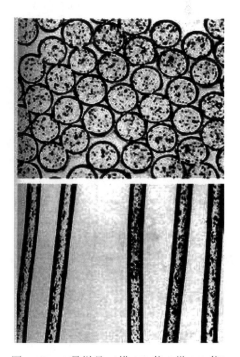

图 1-28　2 号样品（横 500 倍，纵 250 倍）

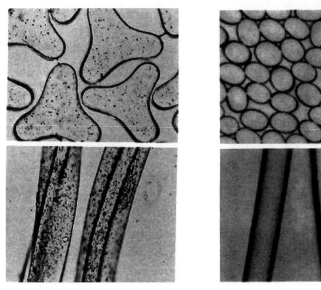

图 1-29　3 号样品（横 500 倍，纵 250 倍）　　　图 1-30　4 号样品（500 倍）

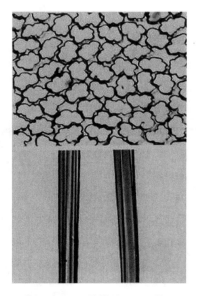

图 1-31　5 号样品（500 倍）

4. 结果分析

观察实验所得 5 组样品的横截面和纵向微观结构，对比常见的纤维类别，得到表 1-1 中的结论。

表 1-1　实验结果分析

样品序号	微观结构	纤维类别	纺纱性能
1	横截面腰圆形有中腔，纵向呈扁平带状，有转曲	天然纤维素纤维	纤维回潮率较好，不易产生静电，抱合力强，纺纱性能良好

样品序号	微观结构	纤维类别	纺纱性能
2	横截面均匀，呈正圆形，纵向顺直无沟槽，纤维内部和外表均有分布细小阴影，类似某种纳米级功能材料添加物或纤维经改性导致表面不光滑	化学改性纤维（熔融纺丝）	可能具有某些特殊性能或功能，纺纱过程易产生静电，纤维需适当预处理
3	横截面呈三叶形，纤维间差异小，显然经三叶形喷丝孔加工而成，纵向呈与横截面相对应的三叶形立体结构，纤维内部和外表均有分布细小阴影，类似某种纳米级功能材料添加物或纤维经改性导致表面不光滑	异形改性纤维（熔融纺丝）	多用于吸湿快干的功能性或运动型面料，纺纱过程易产生静电，纤维需适当预处理
4	横截面呈椭圆形，大小基本均等，纵向顺直平滑，表面光滑，一致性好	化学纤维（熔融纺丝）	纤维光滑，抱合力小，纺纱过程易产生静电，纤维需适当预处理
5	横截面呈圆锯齿结构，纵向有沟槽，类似黏胶纤维微观结构	纤维素纤维（湿法纺丝）	类似黏胶纤维的纺纱性能，吸湿好，但放湿快，易产生静电

5. 整理与清洁

将工具与剩余试剂按照指定位置整齐存放，清理桌面，将废材按老师指定要求集中妥善丢弃。切断显微镜电源并整齐摆放，切断实验室电源。

二、认识新型纱线

向各小组发放干定量为 5.53g/10m 的纯棉粗纱（赛络纺为 2.76g/10m）若干只，40 旦氨纶长丝若干卷，要求各小组在给定型号细纱机上纺制纱线规格（基纱）为 18.5tex 的赛络纺纱、紧密纺纱、包芯纱、竹节纱各 1 组（牵伸效率取 98%），并说一说这四种纱线的纺纱工艺要点及纱线性能特点。

1. 实施准备

工作对象：干定量为 5.53g/10m 的纯棉粗纱（赛络纺为 2.76g/10m）若干只，40 旦氨纶长丝若干卷。

主要设备：细纱机（经赛络纺、紧密纺、包芯纺、竹节纺等设备改造）。

工作条件：1 个标准大气压，气温 22~32℃，空气湿度 60%±5%。

2. 主要工艺的制订

纱线主要工艺的制订见表 1-2。

表 1-2 纱线主要工艺

品种	粗纱干定量/（g/10m）	细纱干定量/（g/100m）	机械牵伸倍数	捻系数	其他主要工艺
赛络纺	2.76	1.71	32.94	340	粗纱间距 5mm
紧密纺	5.53	1.71	33.00	340	吸风负压 3200Pa

续表

品种	粗纱干定量/ (g/10m)	细纱干定量/ (g/100m)	机械牵伸 倍数	捻系数	其他主要工艺
包芯纱	5.53	1.71+0.44	33.00	360	氨纶长丝弹力牵伸倍数2.93
竹节纱	5.53	1.71	33.00	360	竹节粗度2.5,节长、节距随机

3. 工艺试纺与结果分析

小组将制订的主要工艺输入车头控制面板,组织上车生产,其结果见表1-3。

表1-3 试纺结果分析

品种	纱线性能特点
赛络纺	纱线表面光洁,毛羽较少,强力较高,纱线易回捻,手工解捻时可将纱线分为两股,且两股捻向与纱线捻向一致
紧密纺	纱线表面光洁,毛羽较少,强力较高,纱线截面较圆整,结构紧密
包芯纱	纱线纵向拉伸有一定弹性,无张力条件下纱体蓬松,拉伸时通常纱体先断,而后长丝断
竹节纱	纱线表面分布有不规则粗结,粗结与纱体颜色一致,纱体毛羽较多,纱体纵向捻度分布不均,粗结处纱线蓬松捻回较少

4. 整理与清洁

将细纱机调至落纱模式,切断电源,上抬细纱机摇架,整理粗纱,清理机台台面、风箱和地面,将回花和落棉回收处理。

【课外拓展】

(1)在自己的衣物中寻找几款有成分标识的机织服装,抽取几根纤维,置于显微镜下观察其微观结构,并将观察结果与成分标识进行对比。

(2)深入思考:四组纱线的纺制过程中工艺制订是否恰当?生产中凸显了哪些工艺问题,应如何解决?

➢ 【课中任务】

任务二 分析原料新型纱线

【任务导入】

在2000年至今的20多年中,中国纺织原料市场发生了巨大变化,纤维原料经历了爆炸式发展,在特殊功能性、优异舒适性、绿色环保性、时尚装饰性等方面得到全面发展。如竹纤维的发展,它被称为"中国纤维""会呼吸的纤维皇后",具有自主知识产权。中国人对"竹"有着特殊的情结,郑燮的《竹石》以竹喻志,王维的《竹里馆》写尽山林幽居情趣，"竹"一直在我们身边，它被植入庭院，制成碗筷、床铺、篮篓等生活器具，甚至雕琢编制各类艺术品。而今终于实现了更进一步的突破，将它穿在了身上。竹纤维又常称竹浆纤维，是从竹类原料提取生产的再生纤维素纤维，具有纤维素纤维的优良特征，同时具有竹子吸湿快干、抗菌舒爽等优异性能，制品具有优异的穿着舒适性、保健性、悬垂性和光泽感。

尽管新型纤维原料种类繁多，但是它们每一种都有着复杂多样的性能特点，以使其更适应纺纱、制造、制衣等诸多要求。下面通过一组混纺纱原料组分分析，来建立对新型纺纱原料及新型纱线的认识。

现有来样混纺纱线要求定制，但不知其原料种类及混纺比，请制订合理的方案，分析纱线原料组分及混纺比，要求实验操作规范科学，实验结论准确可靠。

【知识准备】

新型原料是新型纱线产品的重要分支，通过新型纤维原料的应用，弥补了传统纺织纤维的缺陷，结合新型纺纱方法和新型纺纱工艺技术，可以降低生产成本、提升产品性能或功能特性、降低环境污染、拓展新用途等，给新型纱线产品开发带来了形形色色的创新变化。

一、新型纤维原料的分类

新型纤维原料种类繁多，根据生产加工方法不同，新型纤维原料可分为新型天然纤维、新型纤维素纤维和新型化学纤维等三个类别；根据纤维色彩不同，可以分为本色纤维和有色纤维；根据纤维功能差异，可以分为常规纤维、差别化纤维和功能性纤维等。

新型纤维的鉴别

在纱线生产中，由于纤维纺纱性能是工艺设计的重要考量因素，常用生产加工方法对新型纤维原料进行区分。同一类别的新型纤维在回潮率、吸湿放湿速率、摩擦性能、比电阻等纺纱性能领域有着一致性。如以黏胶基添加芦荟、薄荷、甲壳素精华生产的新型纤维与黏胶纤维的纺纱性能相似；以化学纤维涤纶、锦纶等为载体添加纳米级竹炭、珍珠、芳香微胶囊等生产的新型纤维，其纺纱性能与其载体较为相似；以湿法纺丝制备的黏胶纤维、天丝、木纤维、莫代尔、竹浆纤维、铜氨纤维等再生纤维素纤维的较多纺纱性能具有一致性。

二、常见的新型纤维原料鉴别方法

新型纤维原料品类众多，产品性能差异较大，缺少统一的国家标准，在对未知新型纤维进行具体品种的鉴别时，具有一定的技术难度。常用的新型纤维原料大多基于传统纤维生产方式，结合多种功能性纳米级原料，或利用物理、化学等多种手段对传统纤维原料进行改性或改良，创造出丰富的形态各异、性能各异的新型纤维产品。实际工作中，很难通过单种鉴别方法来判定纤维具体种类，结合多种鉴别方法也很难给出精确的答案。

一般参考普通纺织纤维鉴别方法，对新型纤维进行大类区分，主要分为物理鉴别法和化学鉴别法，列举常用鉴别方法如下。

1. 物理鉴别法

物理鉴别法就是利用纺织纤维的形态特征、物理性能来鉴别纤维的一种方法。

（1）感官鉴别法。感官鉴别法是物理鉴别方法中最简单的一种。它是通过人的感觉器官，如手摸、眼看、鼻闻等对纺织纤维进行直观的判定。感官鉴别法对鉴别者的工作经验和水平有着较高的要求，感官鉴别法一般只适用于鉴别纤维品种的大类。

（2）显微镜法。显微镜法是用显微镜观察纤维的纵向和横截面形态，根据其纵、横向截面微观形态特征鉴别纤维的一种方法。这种方法很直观，但采用此法鉴别纤维时，要求熟悉各类纤维的纵向和横截面形态特征，才能准确鉴别纤维。由于新型纤维原料多采用化学方法加工，部分新型纤维截面和纵面形态可以自由选择，显微镜法对鉴别纤维大类仅具有一定的参考意义。几种纤维原料的横、纵截面形态特征见表1-4，其显微镜照片如图1-32所示。

表1-4 几种纤维原料的横、纵截面形态特征

纤维名称	横截面形态	纵截面形态
甲壳素纤维	近似圆形或多边形	表面平直，有小孔洞
壳聚糖纤维	长条的不规则锯齿形	扁平带状，有不规则裂缝，有卷曲
竹原纤维	不规则扁圆形，有中腔、辐射状裂纹	有横节，粗细分布不匀，表面有较多微细沟槽和少许裂纹
竹浆纤维	边缘呈锯齿形，有中腔	形态光滑均匀，表面有浅沟槽
莱赛尔纤维	圆形或椭圆形	光滑
聚乳酸纤维	近似圆形，表面有斑点	有随机分布的黑点及间断条纹
大豆蛋白纤维	腰圆形或哑铃形	扁平带状，部分有沟槽和黑点
腈纶基牛奶蛋白纤维	近圆形	纵向有浅沟槽
维纶基牛奶蛋白纤维	近圆形，皮芯结构	纵向有沟槽
苎麻纤维	扁圆形或椭圆形	有明显秸梆
普通黏胶纤维	锯齿形	纵向有沟槽
莫代尔纤维	哑铃形	纵向有沟槽
腈纶	哑铃形或圆形	纵向有沟槽
锦纶	圆形或近似圆形	表面光滑，有小黑点
维纶	腰圆形或哑铃形	扁平带状，有沟槽

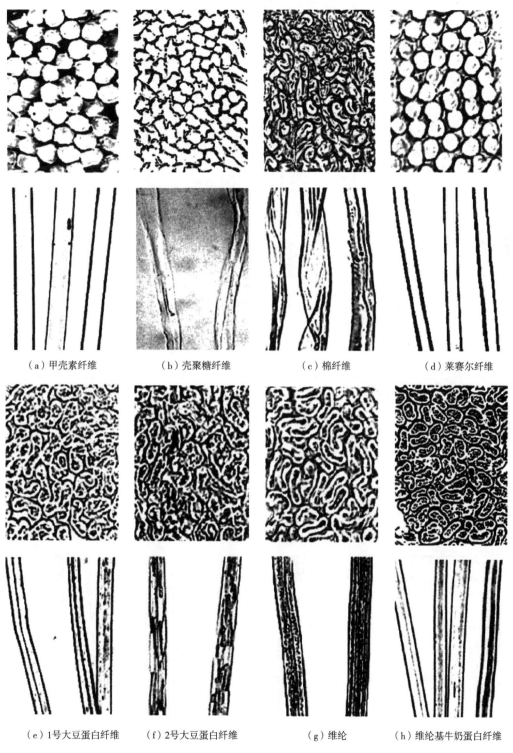

（a）甲壳素纤维　　　　（b）壳聚糖纤维　　　　（c）棉纤维　　　　（d）莱赛尔纤维

（e）1号大豆蛋白纤维　　（f）2号大豆蛋白纤维　　（g）维纶　　（h）维纶基牛奶蛋白纤维

图 1-32

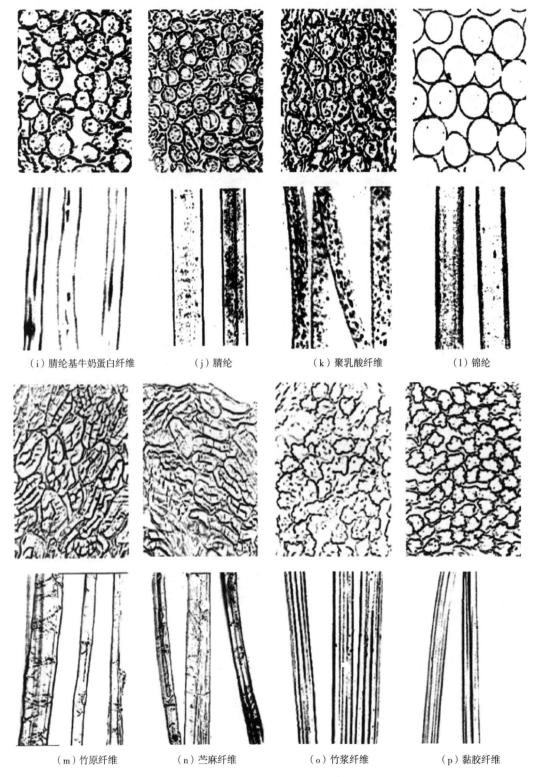

（i）腈纶基牛奶蛋白纤维　　　　　（j）腈纶　　　　　（k）聚乳酸纤维　　　　　（l）锦纶

（m）竹原纤维　　　　　（n）苎麻纤维　　　　　（o）竹浆纤维　　　　　（p）黏胶纤维

图1-32　几种纤维纵、横截面显微镜照片

　　（3）熔点法。熔点法主要用于鉴别合成纤维。它是根据合成纤维的熔解特性，在熔点仪或附有测温装置的显微镜下观察纤维熔融时的温度来测定纤维的熔点，从而达到区别纤

维品种的目的。几种纤维原料的熔点见表 1-5。

表 1-5　几种纤维原料的熔点

纤维名称	熔点范围/℃
大豆蛋白纤维	255~266
维纶基牛奶蛋白纤维	253~264
维纶	224~239
聚乳酸纤维	167~179
涤纶	255~260
锦纶	220~228
腈纶基牛奶蛋白纤维	无熔点，纤维从白色变成红褐色最后变成黑色
腈纶	不明显

（4）红外吸收光谱法。由于组成纤维的各种化学基团都有自己特定的红外吸收带位置，红外吸收光谱法就是利用纤维具有"指纹特点"的原理，将测得的未知纤维的红外谱图与已知纤维的红外谱图进行比较，根据其主要基团吸收谱带特征，准确地确定纤维的类别。

2. 化学鉴别法

化学鉴别法是利用纺织纤维化学性能的不同来鉴别纤维的一种化学方法。

（1）燃烧法。燃烧法是一种简便鉴别纤维的方法。鉴别时，观察一束纤维靠近火焰、进入火焰、离开火焰时的状态，燃烧时的气味和是否冒烟及其燃烧后产生灰烬的颜色和性状的不同来鉴别纤维。几种纤维原料的燃烧特性见表 1-6。

常见纤维的燃烧特性

表 1-6　几种纤维原料的燃烧特性

纤维名称	燃烧状态			燃烧气味	残留物特征
	近火	触火	离火		
甲壳素纤维	不熔不缩	迅速燃烧	火焰熄灭，不延烧	淡毛发烧焦味	松散黑色灰烬
壳聚糖纤维	不熔不缩	迅速燃烧，燃烧时纤维发红	火焰熄灭，不延烧	烧纸味	细柔黑色至灰白色灰烬
聚乳酸纤维	熔融收缩	熔融燃烧，发出蓝色火苗	继续燃烧	淡香甜味	黑灰色硬块
大豆蛋白纤维	熔融收缩	熔融燃烧	继续燃烧	毛发烧焦味	松脆黑色焦炭状颗粒
腈纶基牛奶蛋白纤维	熔融收缩	继续收缩，熔融燃烧	继续燃烧	毛发烧焦味	松脆黑色颗粒
维纶基牛奶蛋白纤维	熔融收缩	迅速燃烧	继续燃烧	毛发烧焦味	松脆灰黑颗粒
竹原纤维	不熔不缩	迅速燃烧	继续燃烧	烧纸味	少量灰白色细软灰烬
竹浆纤维	不熔不缩	迅速燃烧	继续燃烧	烧纸味	少量细软灰色灰烬
莱赛尔纤维	不熔不缩	迅速燃烧	继续燃烧	烧纸味	细软灰黑絮状灰烬

（2）热分析法。热分析法是指在温度程序控制下，全过程连续测试样品的某种物理性质随温度而变化的一种技术。一般有差热分析（DTA）、示差扫描量热分析（DSC）、热重分析（TGA）、微分热重分析（DTG）等方法。

（3）溶解法。不同的纤维对于不同的溶剂或同种溶剂不同浓度下的溶解程度是不同的。溶解法是利用溶剂对纤维的不同溶解特性来鉴别纤维。鉴别纤维时，将试样浸入盛有溶剂的试管内，在规定温度条件下观察溶解情况。通常情况下，一种溶剂能溶解多种纤维，因此，在用溶解法鉴别纤维时，要连续使用不同溶剂进行溶解试验，才能最终确定所鉴别的纤维种类。

（4）试剂着色法。试剂着色法是将纤维放入各种试剂中着色，然后根据颜色的差别来鉴别纤维。该方法仅适用于本色纤维或其制品，对有色的纤维或其制品需要进行脱色处理，然后才能进行显色鉴别。几种纤维原料在碘—碘化钾试剂染色后的颜色差异见表1-7。

表1-7　几种纤维原料在碘—碘化钾试剂染色后的颜色差异表

纤维名称	着色反应	
	湿态显色	干态显色
大豆蛋白纤维	5023 冷蓝色	1013 近于白色的浅灰
维纶基牛奶蛋白纤维	6012 墨绿色	8014 乌贼棕色
维纶	5009 天青蓝	5023 冷蓝色
聚乳酸纤维	不着色	不着色
涤纶	不着色	不着色
锦纶	6012 墨绿色	6008 褐绿色
腈纶基牛奶蛋白纤维	8016 桃花心木黑色	1004 金黄色
腈纶	3007 黑红色	8012 红褐色
竹原纤维	不着色	不着色
苎麻纤维	9018 草纸色	9003 信号白
竹浆纤维	5004 蓝黑色	5011 钢蓝色
黏胶纤维	5011 钢蓝色	5013 钴蓝色
甲壳素纤维	9005 墨黑色	8022 黑褐色
壳聚糖纤维	8022 黑褐色	9005 墨黑色
莱赛尔纤维	5004 蓝黑色	6012 墨绿色

（5）含氯含氮呈色反应法。含氯含氮呈色反应法是利用含有氯、氮元素的纤维用火焰、酸碱法检测，会呈现特定的呈色反应来鉴别纤维。采用火焰法检测时，观察纤维燃烧时火焰呈现的颜色，含氯纤维火焰呈绿色，含氮纤维火焰呈蓝色；采用酸碱法检测时，分别将纤维至于吡啶-氢氧化钠和硫酸铜-氢氧化钠试剂中加热，含氯纤维呈现棕色或红棕色，含氮纤维呈现紫色或紫蓝色。几种纤维的含氯、含氮呈色反应结果见表1-8。

表1-8 几种纤维的含氯、含氮呈色反应结果

纤维名称	含氯（Cl）	含氮（N）
大豆蛋白纤维	无	有
维纶基牛奶蛋白纤维	无	有
维纶	无	无
聚乳酸纤维	无	无
涤纶	无	无
锦纶	无	有
腈纶基牛奶蛋白纤维	无	有
腈纶	无	有
竹原纤维	无	无
苎麻纤维	无	无
竹浆纤维	无	无
黏胶纤维	无	无
甲壳素纤维	无	有
壳聚糖纤维	无	有
莱赛尔纤维	无	无

三、原料新型纱线混纺比的确定

纱线混纺比的分析，是在已知纱线混纺原料具体种类的情况下实施的，分析人员要对混纺原料的纤维性能了如指掌，才能做出科学合理的分析结果。常用的混纺比确定方法有人工识别法、图像分析法、物理分析法和化学分析法四种。

1. 人工识别法

根据需要结合药品着色法及不同纤维对染料上染率的不同，在显微镜下对纱线单位截面内的不同纤维根数分别计数，以计算混纺纱的混纺比。

2. 图像分析法

数字图像处理技术是计算机科学的一门重要分支，近几年来利用图像处理技术对纺织材料及纺织品的结构进行测试已引起了极大的关注。用计算机对混纺纱线图像进行处理并提取特征参数分类纤维，从而测算出混纺比，是一种快速测量混纺比的新方法。

3. 物理分析法

物理分析法是根据混纺产品纤维密度差异，采用溶剂比重分层分析的方法。

4. 化学分析法

化学分析法仅适用于化学成分不同的混纺产品。化学分析法是利用化学试剂对不同纤维的溶解特性，对两组分或多组分的混纺产品实施化学分离，求得不溶纤维的净含量，以获得混纺纱混纺成分含量的分析方法。

四、新型原料纱线的应用

随着社会进步和文明程度的提高，人们对纺织产品的穿着和使用体验有了更高的追求，新型原料纱线得到前所未有的发展，其制品的应用十分广泛，通常根据原料的性能不同，被用于不同的领域。常见的新型原料纱线，诸如竹浆纤维、大豆蛋白纤维、丽赛纤维、芦荟纤维等，可与棉、羊毛、羊绒、蚕丝等天然纤维混纺，制成双组分纱或多组分纱，广泛用于中高端服装、家纺、装饰等领域。某些具有特殊功能的新型原料纱线被应用于特定的领域，例如，夜光纤维纱，可用于夜光艺术绣品、警示服、舞台服装、航海服装等领域；具有高强特点的芳纶纱可用于军需服装；阻燃纱线可用于公众场所装饰用纺织品（窗帘、地毯、墙布等）的生产。

【任务实施】

各小组分发纱样混纺纱纤1只，要求通过试验获取混纺原料的种类及混纺比信息。小组成员讨论制订分析方案，要求团队协助，任务分工合理，试验操作规范科学，试验结论准确可靠。

一、原料种类的确定

1. 实施准备

工作对象：混纺纱纱样若干。

仪器、试剂和工具：光学显微镜、分析天平、放大镜、挑针、火棉胶、切片器、载玻片、盖玻片、化学溶解试剂（盐酸、硫酸、氢氧化钠、甲酸、冰醋酸、间甲酚、二甲基甲酰胺、二甲苯、碘—碘化钾等）。

工作条件：常温常压。

2. 原料分析方案的制订

（1）观察分析纱线在结构和色彩方面的特异性，判定纱线类别，如是否为股线、赛络纱、色纺纱、包芯纱、段彩纱等。经观察分析，小组所得纱线中纤维未经染色，且无特殊结构，为本色普通环锭纺纱线。

（2）解捻分解纱线，形成散纤维状态，通过手感目测，初步判断原料类别。将纱线分解，纤维光泽柔和手感柔软，认为其为仿棉类原料。

（3）制订原料分析方案。显微镜观察区分纤维数量和大类，再联合使用溶解法与药品着色法确定纤维具体种类。

3. 显微镜观察纤维种数，并区分纤维大类

参考任务一中纤维横截面及纵向结构试验中样品的制作方法，采用显微镜观察分析，得出该混纺纱线由两种原料构成，其横截面及纵向结构特征见表1-9。认定纤维1为某种经湿法纺丝获得的再生纤维素纤维，但再生纤维素纤维品种较多，可结合药品着色法确定可

能的纤维品种；而纤维 2 为某熔融纺丝制得的化学纤维，具体品种难以确定，需要结合其他鉴别方法进行确定。

表 1-9　混纺纱微观结构特征

纤维类别	横截面	纵向结构
纤维 1	边缘呈锯齿形，有中腔	形态光滑均匀，表面有浅沟槽
纤维 2	近似圆形，纤维细度均匀	光滑顺直，无沟槽

4. 溶解法与药品着色法相结合确定具体种类

（1）溶解法确定纤维品种大类。常见的熔融纺丝纤维品种有涤纶、锦纶、丙纶等，首先采用常见纺织纤维溶剂，对定重的纱线原料进行处理，称取处理前后纱线重量，判断有无溶解。选用溶剂及溶解结果见表 1-10。对照文献资料可以看出，混纺纱和黏胶纤维/涤纶混纺纱主要化学成分具有较高的相似度。确定纤维 1 为某再生纤维素纤维，而纤维 2 为化学主体成分为聚对苯二甲酸乙二醇酯的化学纤维。

表 1-10　化学溶解试验结果

项目	盐酸	硫酸	氢氧化钠	甲酸	冰醋酸	间甲酚	二甲基甲酰胺	二甲苯
溶解条件	37%，24℃	75%，24℃	5%，沸	85%，24℃	24℃	93℃	24℃	24℃
处理结果	SS	SS	I	I	I	SS	I	I

注　I—不溶解，SS—部分溶解。

（2）药品着色法确定可能的纤维品种。将一定量纱线分解为单纤维状态，选用碘—碘化钾试剂对干湿两态下的纤维进行染色试验，结果见表 1-11。由表中内容可以看出，部分纤维不着色，部分纤维干态下着蓝黑色，湿态下着钢蓝色。对照相关专业文献资料，结合显微镜观察及溶解法试验结果，认为该混纺纱线由涤纶与竹浆纤维混纺而成。

表 1-11　纤维用碘—碘化钾试剂染色后的颜色差异

纤维名称	着色反应	
	湿态显色	干态显色
纤维 1	蓝黑色	钢蓝色
纤维 2	不着色	不着色

二、混纺比的确定

1. 实施准备

工作对象：上述纱样。

仪器、试剂和工具：八篮烘箱、分析天平、磁力搅拌机、化学溶解试剂（盐酸、硫酸、氢氧化钠、甲酸、冰醋酸、间甲酚、二甲基甲酰胺、二甲苯、碘—碘化钾等）、蒸馏水。

工作条件：常温常压。

2. 分析方案的制订

在上面的试验中，基本确定了该混纺纱线由涤纶与竹浆纤维混纺而成，那么通过化学溶剂试验溶解其中某种纤维，而保留剩余纤维，便可计算出混纺比。

3. 操作并记录

取试剂间甲酚 28.33g，测试混纺纱线实际回潮率，称取干重为 5g 的混纺纱线，配置成质量分数为 15% 的溶液，磁力搅拌器加热间甲酚至 93℃，持续 2h，至涤纶完全溶解，30℃蒸馏水过滤冲洗剩余纤维原料，烘干称重得 2.82g。

4. 混纺比的确定

由于被溶解部分为涤纶，剩余的 2.82g 为竹浆纤维干重，试验纱样总干重为 5g，因此竹浆纤维/涤纶混纺纱线的混纺比为 56.4∶43.6。

5. 整理与清洁

将剩余的药品和试剂按照顺序和指定位置放置好，整理清洁桌面，将废弃物和废弃试剂按照老师要求集中丢弃，将未被试剂沾染的纱线回收处理。

【课外拓展】

（1）查阅纱线相关专业平台网站的产品供求信息，获取在售多组分混纺纱品种 2~3种，并说一说该多组分纱线可能的设计思路。

（2）已知某混纺纱线原料为长绒棉和芦荟纤维，试制订其混纺比分析方案。

（3）已知某混纺纱线原料为棉、羊绒和蚕丝，试制订其混纺比分析方案。

任务三　分析竹节纱

【任务导入】

我国于 2006 年提出建设创新型国家的战略目标，随后在 2011 年通过了《中共中央关于制定国民经济和社会发展第十二个五年规划的建议》，明确提出要推进科技创新，推动从产业链低端到高端的跨越式发展。2024 年 3 月 5 日，习近平总书记在参加十四届全国人大二次会议江

竹节纱产品赏析

苏代表团审议时强调，要牢牢把握高质量发展这个首要任务，因地制宜发展新质生产力。以科技创新为引领，统筹推进传统产业升级、新兴产业壮大、未来产业培育，加强科技创新和产业创新深度融合。"创新"是纺织产业发展的主旋律之一，创新发展快速推动了纺织行业的高端转型升级。竹节纱是基于传统环锭纺技术创新发展而来，20 世纪 80 年代在我国逐渐发展起来，因其独特的粗犷、朴素、自然的风格特征，得到广泛应用，获得市场认可。近年来逐渐发展了段彩竹节纱、低捻竹节纱、竹节包缠纱等新纱线品种。

竹节纱是在长度方向上出现粗节或细节的单纱，其粗细节简称为竹节，竹节的出现可

有规律也可无规律。因此，竹节纱按竹节的分布情况可分为无规律竹
节纱和有规律竹节纱。竹节纱的特征参数有基纱号数、竹节粗度、节
长和节距。竹节粗度即竹节直径 d_i 与基纱直径 d 之比，一般在 1.5~
6；节长 l_2 即每个竹节段的长度；节距 l_1 即相邻两个竹节段间的基纱
长度（图1-33）。竹节纱可使织物具有独特的立体花式效应，广泛适用于色织、毛织的服
装面料以及装饰织物，如窗帘、沙发罩、床罩及汽车内装饰织物等。竹节纱产品在穿着时
又可减少贴肤面积，因此常用于生产夏季服装面料。

竹节纱参数三维演示

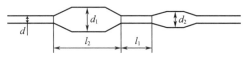

图1-33　竹节纱主要参数示意图

　　本任务中，客户来样为 30cm×30cm 的纯棉竹节纱布样，要求定制风格一致的竹节纱，
试分析该竹节纱的基纱号数、节长、节距、竹节粗度等重要参数，填写分析报告，报工艺
主管，作为后续生产工艺制订的重要依据。

【知识准备】

一、竹节纱的分类及纺纱原理

　　竹节纱是花式纱线中种类变化最多的一种，常见的有粗细节竹节纱、疙瘩状竹节纱、
短纤竹节纱、长丝竹节纱、环锭纺竹节纱、气流纺竹节纱等。竹节纱根据纺纱方法不同又
可分为四种：变牵伸型竹节纱、植入型竹节纱、牵伸波型竹节纱和涂色型竹节纱。

　　（1）变牵伸型竹节纱。纺纱原理是瞬时改变细纱机中后罗拉转速，以瞬时改变须条的
牵伸倍数，以形成竹节，这是竹节纱生产中常见的一种生产方法。常采用改造后的环锭细
纱机纺制，转杯纺纱机经改造后也可生产竹节纱制品。

　　（2）植入型竹节纱。纺纱原理是在前钳口后面瞬时喂入一小段须条而形成竹节。纺纱
过程是先将可纺短纤维纺制成符合一定工艺要求的粗细均匀的须条，再将须条喂入到牵伸
装置中，通过改变牵伸装置的机械牵伸倍数或实际牵伸倍数，牵伸装置输出的须条上便形
成粗节。它采用的主要原料有棉、麻、涤纶、黏胶纤维等，可纯纺也可混纺。

　　（3）牵伸波型竹节纱。纺纱原理是利用短纤维的浮游运动性产生条干不匀的竹节纱，
如在一根或数根长丝中加入适量可纺短纤维，即在喂入纱条中增加短纤维的含量，并在细
纱机上调整工艺参数，如去掉上销及上下胶圈，保留下销，利用短纤维制造牵伸波使缠绕
在长丝上的短纤维形成竹节。这种生产方法一般短纤维混入率在 5%~10%，短纤维混入率
高则竹节数量多，在麻纺或麻棉混纺中尤其显著。常用短纤维有棉、麻、黏胶短纤维等；
长丝有涤纶、黏胶长丝、腈纶等。由于这种方法纺制的竹节容易在基纱上滑移，后来便改

成将纺成的竹节纱再与长丝或短纤纱并捻，将竹节捻住；也有采用包线机包覆，将竹节包住的方法。但是，所有这些改进方法，因工序多，操作复杂，较难推广。

（4）涂色型竹节纱。纺纱原理是利用人的视觉效应，分段对普通纱线印色，产生类似竹节效应的竹节纱。

二、竹节纱的主要工艺

1. 竹节纱号数与竹节粗度

对于来样竹节纱，测量竹节纱的号数即是确定竹节纱的百米定量，根据基纱号数、节长、节距和竹节粗度的大小，换算成百米定量。由于竹节部分与基纱部分有粗细过渡态，特别是转杯纺竹节纱，过渡态较长，因此计算重量和实际重量间会有一定的差异。

竹节粗度是较难掌握的参数，可采用切断称重法来测定。测定方法是取相同长度的竹节部分和基纱部分，分别称重，两者重量之比即为竹节粗度。实际生产中要根据大面积定量进行微调。生产中，竹节部分的号数或竹节粗度的制订要依据产品风格及组织结构而定。生产中常用平均纱支，以方便进行用纱量和克重的核定。

2. 节长与节距

节长与节距这两个工艺参数对产品风格影响很大。节长与节距根据织物要求而定，除非对织物提出特殊要求，一般都应生产节长和节距不一的竹节纱，这样才能使竹节在织物上分布自然、均匀，实现美观的装饰效果。需要注意的是，节长的设计与使用纤维的长度有关；最短的节长要大于纤维的平均长度，否则竹节不明显；另外，流线型竹节比较适合织物的要求，且不等长的化纤要比等长的化纤要好。

3. 捻度

捻度是纱线最重要的参数之一，竹节纱的基纱和竹节部分捻度的分布直接影响纺纱和织造的正常进行。由于捻度有自调分布均匀作用，只有同样粗细的纱才会分布有同样数量的捻度。因此对于竹节纱而言，竹节部分的捻度明显比基纱部分的捻度低。实践表明，竹节部分的有效捻度仅为设计捻度的15%左右，捻度的差异随着竹节号数低于基纱号数的倍数以及竹节的流线型外观不同而变化。也正是由于竹节部分的捻度大量向基纱部分转移，削弱了竹节纱的单纱强力。通常在纺制竹节纱时，为了使断头率不至于太高，所选用的捻系数要比纺同线密度普通纱高20%左右，即使这样也会由于竹节纱中竹节部分的弱捻使纺纱和织造变得困难。影响竹节纱成纱捻度的因素有很多，如节长、节距、竹节粗度、纤维的性能、纺纱工艺及设备状态等。

4. 质量要求

竹节纱同正常纱线一样，必须能够顺利通过加工制造过程中的各种工序，单纱强力能满足后道加工的要求，避免出现竹节前后的强力不匀；粗节处必须光滑，且粗度尽量一致，竹节牢固，经得住加工中的摩擦，并且经染色与整理后磨损与起毛少，整个布面分布风格一致，避免呈现明显规律效应或竹节在布边处集中出现。

对于有规律的竹节，其竹节粗度、节长和节距为定量；而对于无规律的竹节，其参数是有上下限的域值空间。生产中，考虑到成品的布面效果，多采用无规律竹节的生产工艺。由于竹节部分瞬时增加了机械牵伸力，生产中易因牵伸力急剧增加、纱线须条粗度不稳定，带来出硬头、断头增加、钢丝圈卡楔、成纱捻度不匀、毛羽增多等系列问题，对纱线生产工艺提出很高的要求。由实际生产可知，棉和黏胶等纤维更加适宜生产竹节纱制品。

三、竹节纱参数的分析检测

竹节纱一般根据客户来样设计生产，来样多为筒纱样或布样，因此，必须通过检测分析确定定制生产的竹节规格参数。

1. 基纱号数

竹节纱的基纱号数是指在伺服电动机没有超喂时的单纱号数，其对订单来样纱线的工艺设计与计算有重要参考作用。在实际生产中，基纱号数较难测定，通常采用切段称量法，即拆取面料上的连续竹节纱线，

竹节纱主要参数

对基纱进行切段称重，根据称重纱线的总长度换算基纱号数。因为竹节纱段有较难分界的过渡纱段，采用切段称重法确定基纱号数对测试人员的经验有着较高要求。

2. 其他参数的测定

竹节由一系列粗节与细节组成，其外观形态直接影响布面风格。竹节其他参数的测定包括竹节粗度、节长、节距以及竹节分布规律。

其测定方法主要有目测法、绕黑板法和仪器检测法。目测法较直观，对布面较粗的竹节分布容易辨别，利用直尺工具，可以观察出竹节的分布规律。绕黑板法是将拆布后得到的连续片段的竹节纱均匀绕在250mm×220mm的黑板上，通过放大镜等工具对竹节的倍数进行测量。实际操作中，两种方法各有所长，两者结合使用能对竹节形态作出较准确的判断。

利用电容式条干检测仪对竹节进行测试是较先进的方法。首先将布样拆成10m以上的连续纱线并均匀绕在纱管上备用，清洁电容极板。启动机器后，根据纱的平均线密度和试样长度选择测试参数。为能在曲线图中更好地观察竹节，测试线密度的设定应比竹节纱的平均线密度高30%~40%。采用电容式条干仪能对竹节纱的规律作出更准确的判断。将测出的曲线图按织物的幅宽排列，对每一布幅内的竹节分布进行对比观察，可以有效地防止纬向规律性疵点。需注意的是，仪器检测法只适用于可拆取10m以上连续纱线的来样。

结合相关软件，用计算机对布面进行模拟，能更方便地观察布面风格。

例：13tex（平均线密度）×35m的竹节棉纱的测试参数如下：测试线密度16.9tex，量程设置50%，刻度0.3125m/div，速度25m/min，测试时间60s，测试槽为5槽，参见图1-34（2.5m片段）。

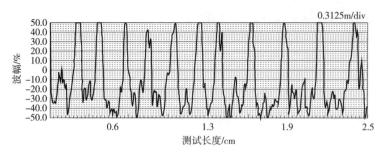

图1-34　竹节纱测试分析曲线图

从图1-34可以看出，竹节倍数在1.8~2.5倍，竹节长度为6~8cm，间距为11~45cm，无明显规律。

四、几种竹节纱的典型应用

竹节纱产品具有粗犷的手感，独特的花式效应和模拟自然不匀等风格特点。其面料表面有明显的凹凸立体感、层次丰富、颗粒饱满、风格独特。此外，由于凸起竹节部分的存在，减少了织物的贴肤面积，且贴肤部分多为竹节部分，捻度较低、手感柔软，大大提高织物的透气性。因此，竹节纱大量使用在装饰用纺织品和服装用纺织品中。下面列举部分竹节纱纺织品的用途。

1. 竹节牛仔布

竹节牛仔布是一种较为粗厚的色织经面斜纹棉布，经纱颜色深，纬纱颜色浅，是竹节纱在服装用织物中最为常见的面料。

竹节纱应用案例

当设计用不同纱号、竹节倍率、节竹长度和节距的竹节纱，采用单经向、单纬向以及经纬双向都配有竹节纱，与同号或不同号的正常纱进行适当配比和排列时，即可生产出多种多样的竹节牛仔布。

此外，将竹节纱与弹性丝相结合，生产出来的弹性竹节牛仔布大大改善了原有牛仔布的保形性与抗皱性，更适应人体的动态，凸现人体曲线，服用舒适；将高支竹节纱进行提花工艺设计，可以生产出轻薄型且高附加值的牛仔布面料（图1-35）。

图1-35　竹节牛仔布

2. 仿麻竹节纱产品

麻料制品布面平整，带有自然的小疙瘩，手感粗而硬，可以利用棉质竹节纱对这一外观进行定制，在获得相似视觉效果的同时具有比较柔软的触觉效果。该类产品一般由高捻度的棉质竹节纱织成，具有特殊风格。其主要特点是具有良好的透气性、亲肤效应和独特的花式效果，同时具有麻织物粗犷的手感和挺阔的风格，可在形成独特的竹节花式效果的同时具有保暖、轻柔和厚重的手感，适宜用作休闲服面料。仿麻织物也可以化纤丝为原料，经过特殊的复合假捻变形技术，纺制成具有仿麻风格和自然状竹节外观的仿麻复合竹节纱，其织物也具备很好的仿麻风格和麻状外观特征。此外，可采用棉氨纶包芯竹节纱进行仿麻面料的开发，使得面料具有"雨点"状的独特纹路，手感柔软且富有弹性，彰显粗犷豪放、贴近自然、流行时尚的风格，是理想的衬衫面料（图1-36）。

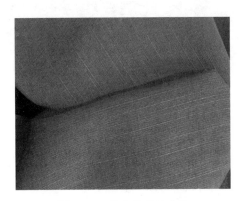

图1-36 仿麻竹节纱产品

3. 松竹呢产品

松竹呢产品是利用不同混比的混色、非混色、中长涤黏纤维进行混纺，采用不同纱号、捻度及节距、节长的竹节纱进行交捻，产生弓形竹节纱的效果。此外，通过不同的织物组织进行织制，形成具有透孔风格的新型麻感面料，赋予竹节产品新的活力，同时具有良好的耐磨、免烫抗起球等特性，是理想的春夏季女式时装面料。

在松竹呢产品生产过程中，可以采用多种有色涤纶短纤维进行混纺，股线用含有两种染色性能不同的纤维纺成的单纱交捻或纱号、配比不同的单纱交捻，染色后可使织物表面产生混色效果；经纬纱线均需要采用较大的捻度，以保证不同纱号纱线交捻时呈现弓形纱的特殊效果；此外，在织造过程中，可以选择透孔组织，增加组织透气性的同时使织物具有立体的纹理效果，可以真正凸显织物薄、透、爽的特点。

4. 装饰用竹节纱产品

竹节纱因为其特殊的外观特点，在装饰领域也有十分广阔的应用，普遍应用于窗帘、家具用装饰材料等的设计开发中。当竹节纱用于装饰类纺织品的设计时，往往要求有较密集而细长的竹节，如用于装饰窗帘的设计中，从室内透光部分看去，具有水纹样的飘逸感。

装饰用竹节纱织物的设计中，可配以麦粒组织或者变化方平组织作为织物组织结构。选用麦粒组织结合竹节纱生产出来的竹节窗帘织物，花型新颖、轻薄透明、滑爽飘逸、悬垂性好、花纹轮廓清晰，具有良好的装饰性，给人以柔和、典雅、舒适、宁静的视觉感受；使用变化方平组织获得的竹节纱窗帘织物，较为厚重、结构简练、风格粗犷、高雅华贵，可用于高档家居装饰物的开发（图1-37）。

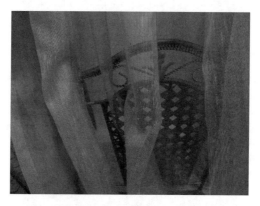

图 1-37　竹节纱窗帘

【任务实施】

现有客户来样为 30cm×30cm 的纯棉竹节纱布样，客户要求定制风格一致的竹节纱，现需分析该竹节纱的基纱号数、节长、节距、竹节粗度等重要参数，以备工艺设计与实施。

一、实施准备

（1）工作对象。30cm×30cm 纯棉竹节纱布样。

（2）仪器和工具。八篮烘箱、绕黑板仪、分析天平、0.5mm 记号笔、挑针、剪刀、放大镜、镊子、纱尾夹持器、直尺等。

（3）工作条件。常温常压。

二、初步分析

客户来样为 30cm×30cm 的织物小样，无法拆解成连续纱线，一般不可通过仪器检测法直接测定竹节参数。此时，首先应拆解数根纱线，仔细观察竹节变化规律，包括竹节节长、节距和粗度是定量还是变量，以便选取合适的方法测量其具体参数。

经观察，客户来样竹节纱的竹节变化呈随机分布状态，竹节节长、节距和粗度均非定量，需要测量多组竹节以确定其参数变化范围。

三、竹节纱参数的测定

采用切段称重法获取基纱号数及粗度的信息。拆解客户来样，分离竹节纱若干根，用放大镜仔细观察纱体，确定连续的基纱区间，用夹持器固定纱线一端，拉直另一端，用签字笔对 10cm 长的基纱区间做好标记，松开夹持器，用剪刀将标记的 10cm 长基纱剪下。以此法重复 10 次，取得 10 组 10cm 长的基纱，经烘箱烘干后，逐一在分析天平上称重并记录。得到 10cm 长基纱平均干重为 1.71mg，换算成百米干定量为 1.71g/100m，确定基纱号数为 18.55tex。

$$基纱号数 = 百米干定量 \times （1 + 公定回潮率） \times 10$$
$$= 1.71 \times （1 + 8.5\%） \times 10$$
$$= 18.55 （tex）$$

竹节粗度受到纱线生产方法及纱线捻度的影响，直接测量其直径之比其实并不准确，生产中，多采用切段称重法计算竹节的粗度。拆解客户来样，分离竹节纱若干根，用放大镜仔细观察纱体，从纱体开始变粗的地方做好标记，到竹节由粗变成正常纱体结束，再次做好标记，用夹持器固定纱线一端，拉直另一端，量取两个标记间的纱体长度（即节长），并记录。由此反复取 10 组竹节，用剪刀剪下，经烘箱烘干后，逐一测量竹节干重，与同等长度基纱重量相除，计算出竹节粗度。

节距的测量与此方法相同，通过观察相邻两个竹节的末端进行标记测量，测量中应注意区分基纱与竹节过渡区的差异。

经测量计算，得到这款竹节纱的竹节特征值见表 1-12。

表 1-12　竹节纱竹节特征值的测量结果

节长/cm	节距/cm	粗度
5~8	10~40	2.0~3.5

切段称重法因测量者的经验差异，往往存在一些偏差，而客户来样有限、无法拆解足够测量的纱线时，这一偏差又将扩大，生产中应对照客户来样及时对基纱号数进行调整和修正，以保证布面风格的一致性。

四、竹节纱来样分析报告填写

填写样品分析报告，供工艺部门参考。

样品分析报告（示例）

地址：　　　　　　　电话：　　　　　　　报告编号：

客户信息		委托人	
客户认定信息	样品名称： 成分： 颜色： 数量：		

续表

分析依据			
样品贴样处			
测试结果			
测试项目	单位	测试方法	测试结果
基纱号数	tex		
竹节粗度	—		
竹节节距	cm		
竹节节长	cm		
综合测试结论			

批准人：　　　　　　　审核人：　　　　　　　编制人：

五、整理与清洁

（1）清洁八篮烘箱和分析天平工作面，关机并拔下连接电源，确保设备和仪器处于断电状态。

（2）整理工作台面，将实验中拆解的纱线清理干净，剩余面料按照老师指定方式回收处理。

（3）整理使用工具，分类整齐摆放到工具箱。

【课外拓展】

（1）客户来样为黏棉混纺（50/50）竹节纱筒纱，试制订合理的方案分析该竹节纱的基纱号数、节长、节距和竹节粗度。

（2）在自己的旧衣物中找一块竹节纱面料，制订合理的方案，并分析测量其基纱号数、节长、节距和竹节粗度。

任务四　分析赛络纱

【任务导入】

我国赛络纺纱技术最早可以追溯到 1988 年，由北京清河毛纺织厂与北京纺织科学研究所共同研制成功。由于赛络纺纱线在毛羽和强力上的优越性以及与股线较为类似的特性，此后一直受到业界工程师和技术精英们的关注。"人无我有，人有我精"的行业技术竞争思维和"精益求精"的工匠精神，在赛络纺的技术改造及产品开发进程中体现得淋漓尽致。例如，2000 年俞雯等人提出运用赛络纺纱技术纺毛氨包芯纱，将赛络纺纱技术与弹性包芯纺技术有机结合；2005 年唐昕等人进行了赛络纺精梳无接头纺纱设备及工艺的改造；2006

年杨丽丽等人将赛络纺纱技术与紧密纺纱技术有机融合，开发紧密赛络纱技术，进一步提升了纱线品质；2012 年谢树琳等人提出运用赛络纺纱技术生产涤纶缝纫线，改变了人们对于缝纫线必须由股线制成的刻板印象，有效降低了缝纫线的生产成本；2016 年王圣杰分享了江苏悦达纺织集团开发的紧密赛络纺白竹炭/吸光发热腈纶/美雅碧超细腈纶/黏胶混纺纱，赛络纺纱技术进一步发展成为新兴功能性多元混纺纱的产品开发技术。如今，赛络纺纱技术基本完成了全面的市场扩张，成为全国绝大部分纺纱企业都拥有的优良纺纱技术。

本次任务中接到一款赛络纺纱线来样定制，该纱线经后期染整加工呈现特殊的 AB 间色效果，试分析此款赛络纺纱线的核心工艺技术，确保纺纱工艺设计与实施顺利开展。

【知识准备】

赛络纺基于传统环锭纺的改造技术，在输入端平行喂入双根粗纱，经牵伸后并合加捻成纱。赛络纺纱成纱结构特殊，表面呈单纱形态，截面呈圆形，表面纤维排列整齐顺直，相比传统环锭纺纱，其毛羽显著减少，耐磨性能好，条干均匀、强力高，具有股线的特点。而同股线相比又不易分成单纱。用赛络纺纱线织成的织物表面清晰，硬挺度好，有骨感但又不失柔软性能，布面毛羽少，耐用性好，因而受到用户的青睐。19.6tex 纯棉赛络纺纱线与普通环锭纺纱线性能对比见表 1-13。

赛络纺纱线及
制品赏析

表 1-13 赛络纺纱线与普通环锭纺纱线性能对比（纯棉）

项目	赛络纺纱线	普通环锭纺纱线	环锭纺股线
纱线细度/tex	9.8×2	19.6×1	9.8×2
捻度/（捻/10cm）	76.4	76.9	76.1
毛羽数/3mm	6.52	27.6	6.1
条干/CV%	10.38	11.39	9.57
细节/（个/km）	15.8	19.0	14.9
粗节/（个/km）	82.0	88.4	23
棉结/（个/km）	143.4	145.2	61
单纱强力/cN	236.18	217.76	248.8
单强不匀率/%	7.77	7.26	6.42
伸长率/%	5.79	5.36	5.32
伸长率不匀/%	9.9	7.54	6.61

一、赛络纺纱的生产原理

赛络纺纱是将两根保持一定间距的粗纱平行地喂入细纱机，经牵伸后由前罗拉输出两根须条，再汇合成一根单纱同向加捻，形成一个加捻三角区，合并加捻后卷绕到纱管上，锭子和钢丝圈同向回转给纱线加上一定的捻度，捻度自下而上传递至前罗拉握持处，在汇集点上的两根单纱分为两个捻向相同、作用力相向的一对三角区，从而形成三个三角区相互作用，连续输出纱线，如图1-38所示。由于单纱加捻区较短，单纱中纤维螺旋角较小，捻幅也较小，仅从单纱来分析，其强力较小，纤维两头外伸也较少，同向加捻后捻幅在原有单纱捻度的基础上迅速增加，抱合力提高，毛羽减少，强力明显增加。

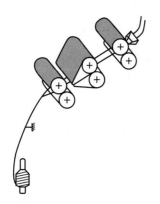

图1-38 赛络纺成纱原理示意图

赛络纺纱线有类似于股线的结构和风格，在与单纱使用同样的原料、相同比例和捻度的情况下，其成纱强伸性能优于单纱。但赛络纺纱中，由于捻回由下往上传递，两根须条在汇集点之上分别得到少量的捻回传递，两根须条的捻回方向与成纱捻回方向一致，导致成纱捻回出现不稳定的现象，容易回捻，因此成纱手感稍硬。而赛络纺股线生产中，股线捻向通常与单纱捻向相反，因而成纱结构更加稳定，纱体蓬松柔软。为方便后道织造加工，可以将赛络纺纱线进行热定型处理，以期获得稳定的捻回。

二、赛络纺纱的主要工艺

1. 粗纱定量的选择

赛络纺纱工艺中，粗纱的喂入定量与成纱质量有着密切联系。粗纱定量应根据所纺纱线线密度而定，同时又要兼顾牵伸倍数增大造成的牵伸附加不匀这一负面影响。生产中纺18.2tex以下的细特纱线时，粗纱定量应比原粗纱定量的50%再偏小0.3~0.5g/10m掌握，有利于成纱质量的稳定；纺制18.2tex以上的粗特纱线时，应比原粗纱定量50%再偏小0.8~1.5g/10m掌握，便于减少牵伸带来的不匀。

2. 粗纱捻系数的确定

粗纱捻系数的大小与牵伸力的大小呈正比关系。赛络纺选用粗纱捻系数，在不改变其他工艺的前提下牵伸力会明显增加，如不调整则会出现牵伸不开的问题。当纱条呈双纱喂入时，牵伸力发生改变，其加压控制力以及罗拉的隔距也应相应改变。在增大后区隔距的情况下，选用粗纱捻系数较正常捻系数偏大掌握，便于细纱捻回重分布的利用。由于粗纱捻系数增加，纤维间残存的捻度大，纤维的捻度损失小，有利于纤维的排列，纱线对表面纤维的圈结能力会进一步增强，对赛络纺成纱质量有一定的改善作用。

3. 细纱主要工艺的选择

（1）后区隔距及牵伸倍数的选择。细纱后区工艺包括后区牵伸倍数和后区隔距。赛络纺纱双纱喂入，牵伸力增大，后区工艺必须进行相应调整。后区工艺的原则是大隔距、小牵伸。

后区牵伸倍数大，捻回重分布大，捻度损失大；后区牵伸倍数小，捻回重分布小，捻度损失小，纤维排列稳定，有利于成纱质量的提高。同时为了利用捻回重分布，后区隔距偏大掌握，一般为18~35mm，以利于提高成纱质量。

（2）喂入喇叭口中心距的选择。喂入喇叭口中心距是赛络纺纱的重要工艺之一。喂入粗纱喇叭口间距决定粗纱间距。粗纱间距指经过牵伸的两根纱条在离开罗拉钳口时的距离。粗纱间距大，须条间的夹角过大，单纱须条过长，张力变大，须条三角区缩小，边纤维损失多，毛羽减少，但是在加捻三角区中边纤维损失反而影响成纱质量。粗纱间距小，须条间的夹角小，单纱须条短，张力小，毛羽较稳定，成纱质量也较为稳定，但不宜过小，过小将影响成纱结构的稳定性，导致毛羽增多。一般粗纱间距在5~8mm，过大或过小均不利于成纱质量。

（3）捻系数的确定。细纱工序要在减少毛羽的同时，尽可能地减少疵点的产生。针织用纱的捻系数宜偏小掌握，但根据赛络纱的成纱原理，为了减少毛羽、防止纤维在单纱须条中滑移，选取比同线密度普通环锭纺纱偏大的捻系数，一般针织纱捻系数设计为340~350，机织纱捻系数设计为370~380。

（4）钢领、钢丝圈的选用。赛络纺纱线毛羽少，结构紧密，超低的毛羽导致钢领和钢丝圈动摩擦的润滑不足，钢丝圈在钢领的回转面上阻力增大，钢领和钢丝圈的接触区域将产生高温，使钢领和钢丝圈过早磨损。同时加大纺纱段的张力，造成输出钳口三角区不稳定，从而导致钢丝圈运行不稳定、纱线张力波动且纱线质量降低。所以必须配置与此相适应的钢领和钢丝圈，否则会造成大量断头。一般钢领选用PG1-4254或PG1/2-3854，钢丝圈选用6903系列，其圈形为矩形并开"天窗"便于散热。

（5）细纱导纱动程的确定。赛络纺纱由于存在三个加捻三角区，导纱动程使须条移动容易产生三角区的波动，造成单纱断头增多。导纱动程主要为保护胶辊、延长胶辊的使用寿命。棉纺赛络纺纱可以根据须条的中心距进行确定，胶辊宽度在30mm，选用10mm的导纱动程容易造成边纤维在胶辊边缘散失或造成纱疵。导纱动程应偏小掌握，一般在4~6mm。

（6）钳口隔距的确定。细纱钳口决定须条和纤维运动牵伸力稳定与否。钳口隔距应根据纺纱线密度、胶圈厚度和弹性、上销弹簧的压力、纤维的长度及其摩擦性能和前罗拉加压条件参数予以确定。在赛络纺纱中，随着喂入须条的增加，牵伸力相应增大，钳口隔距偏小掌握对纱线质量有利，一般以不出"硬头"为原则，纺相同线密度纱线时相对于传统环锭纺钳口隔距应减少0.25~0.50mm为宜。

（7）胶辊及工艺压力的确定。胶辊是纺纱的重要牵伸部件，对成纱质量有直接影响，要求胶辊表面对纤维束有足够握持能力，且不发生缠绕现象。赛络纺纱线结构紧密，牵伸力大，须条横动动程短，胶辊产生中凹磨损较快。为了减少胶辊磨损对纱线质量的影响，应用表面不处理胶辊，铁芯与胶管内表面均匀接触。前胶辊3~4个月磨砺一次。磨砺时采用慢行程、小磨量，使胶辊处于均匀受力状态。工艺压力同传统纺纱相比偏重掌握，胶辊直径偏大选择，一般前、中、后双锭压力为140N、120N、140N，胶辊直径在29.0~30.0mm。

三、赛络纺纱的新产品开发

1. 赛络纺包芯纱

赛络纺包芯纱是由一根芯丝和两根平行粗纱经牵伸、并合加捻而形成的。长丝采用积极喂入方式，通过预牵伸罗拉后，经导丝轮直接喂入前罗拉，而两根粗纱经双槽集合器被平行引入细纱机牵伸区内，以平行状态单独牵伸后，从前罗拉钳口输出后形成保持一定间距的两根纤维束，分别经轻度初次加捻后，在自然汇聚点处与喂入的长丝相并合，并捻合成纱被卷取到纱管上而成为赛络纺包芯纱（图1-39）。

图1-39　赛络纺包芯纱

普通包芯纱中的外包纤维是以单纤维的形式呈螺旋线缠绕着芯丝，并伴有内外层的转移。赛络纺包芯纱中的外包纤维分成两束，它们分别各自弱捻聚集，再合并强捻包覆。每束须条中的纤维在各自弱捻时有少量内外层转移。在捻合过程中，由于是卷捻，两纱条外层纤维仍有可能被卷入内层，产生纤维的再次转移现象，使纱内纤维的内应力均衡。赛络纺包芯纱中纤维对于纱线轴的平行伸直度要比普通环锭包芯纱好，所以受拉伸时纤维强力的利用率高，纱的断裂强力和断裂伸长比普通包芯纱高。赛络纺包芯纱由于包覆前两束须条已加弱捻，包覆时即使导丝轮跑偏，两股弱捻单纱间也不会发生完全混合，所以芯丝始终处于两股纱的中心，包覆效果更好。由于利用赛络纺纺制包芯纱时，两根粗纱条喂入有一定的间距，在互相包捻过程中纤维的转移受到比普通环锭纺更大的阻力，两纱条中的许多纤维端被相邻的单纱条捕捉而进入两纱条的结构中，从而使纱线外表的毛羽大大减少，使赛络纺成纱表面较普通环锭纺成纱表面更圆整光洁，成纱条干指标得以改善。

2. 紧密赛络纺纱

紧密赛络纺是两根粗纱须条以一定大小的间距经过双喇叭口后同时以平行分离的状态进入同一牵伸装置中进行牵伸，两根单纱须条从前罗拉中输出后，受集聚区负压吸风的作用，集聚后的两纤维束结构紧密，先经初次加捻，加上少量的捻度，接着在汇聚点汇聚后，再被加上强捻，从而形成紧密赛络纱（图1-40）。紧密赛络纺主要是从两个方面的作用改善了纱线的强力及毛羽问题，一方面利用气流集聚基本消除了纺纱三角区，另一方面利用合股加捻提高了纱线强力并且减少了纱线毛羽，通过加捻过程中单纱须条对长毛羽的包缠作用，可以使长毛羽卷入纱体中，从而可以大幅度减少长毛羽的数量。

图 1-40　紧密赛络纺纱

　　紧密赛络纺技术结合了紧密纺与赛络纺技术的优势，纱线强伸性好、耐磨性优良且毛羽数量少。因此，紧密赛络纺适宜于织制高档织物，具有广阔的发展空间。

3. 赛络纺 AB 纱

　　赛络纺 A+B 工艺方法主要用于生产 A、B 两组分比例相等的 AB 纱，其基本方法就是对 A、B 两种组分的纤维分别采用相应的工艺流程，制成定量相等的粗纱，然后在细纱赛络纺机台上生产。赛络纺 AB 纱具有纱条光洁、毛羽少、结构紧密、耐磨性好、立体感强的优点，产品染色后有捻线效果，与股线相比，织物更加平滑柔软。

　　赛络纺 AB 色纺纱的配色不同于普通色纺纱的一般配色方法，不仅 A、B 色要分别对准，还要考虑 A、B 色间的比例，否则会与客户来样的风格大相径庭。赛络纺 AB 色纺纱的批量往往小而多，如采取手工混棉，则棉块一定要撕得越细越好，小组分混合时，至少混合三遍才能装袋。如果染色纤维中含有精梳棉网，应特别留意其散布的情况，切忌出现成团现象。赛络纺 AB 色纺纱从外观上更加体现出色纺纱的丰满度、层次感，其立体效果更是普通色纺纱难以达到的。

4. 赛络纺段彩纱

　　赛络纺段彩纱是一种特殊的色纺纱，具有比一般色纺纱更独特的风格。通常选用两种以上原料，在细纱机上由三根粗纱经混合牵伸纺制而成，其纺纱原理如图 1-41 所示。

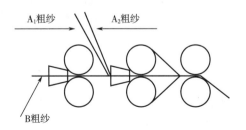

图 1-41　赛络纺段彩纱纺纱原理示意图

A_1、A_2 两根粗纱为主体粗纱,从细纱机中罗拉后喇叭口处连续喂入,另一根粗纱 B 为辅助粗纱,从细纱机中后罗拉喇叭口处间断喂入(后罗拉是间歇运转的)。因 A_1、A_2 粗纱是从中罗拉后连续喂入,故细纱不会断头,B 粗纱和 A_1、A_2 粗纱在中、后罗间混合,经牵伸形成段彩纱。该种纱线既富有层次变化,又具有立体感,被广泛用于服装面料,深受消费者喜爱。

5. 赛络纺竹节纱

近年来,竹节纱面料以其独特的凹凸立体感受到市场的青睐。普通竹节纱在节粗大于两倍时,由于竹节纱号数与基纱号数差异很大,造成单纱断裂强度不高,用户反映在织造时断头多,生产效率低,织物不耐用。另外,由于竹节纱重量 CV 值较大,影响织造后的布面效果。根据市场需求,人们开发出了赛络纺竹节纱系列品种。由于成纱毛羽少,外观光洁,尤其是单纱断裂强度得到很大提高,在织造时断头少,织物耐磨性好,得到用户的一致认可。赛络纺竹节纱将赛络纺纱与竹节效果有机地结合在一起,其成纱毛羽较少,外观光洁,尤其是单纱断裂强度高,织造断头少,织物耐磨性好。

四、赛络纺纱线的应用

使用柔软原料纺成的赛络强捻纱,结构较圆紧,织物经纬交织所形成的空隙较大。用其开发的高支轻薄产品具有轻、薄、爽的风格,悬垂性好,热传导高,可用以缝制春夏季男女服装。

将两根不同吸色性能的粗纱经牵伸加捻后形成赛络纱,用这种纱织成的织物经一种纤维单染或两种纤维用不同的颜色双染,织物可呈现出丰满活泼的风格,立体感较强。当然,还可以将两种颜色的纤维纺成的粗纱喂入细纱机,生产具有花式效果的赛络纺 AB 纱。如彩棉/莫代尔赛络纱就具有外观类似花样的间隔显色效果,以及类似丝光的光泽和柔软舒适的手感。

借助于赛络纺纱时汇聚点的波动,通过计算机控制,生产左右对称平衡的粗节纱。这种粗节纱不存在传统粗节纱会出现龟纹的缺点,具有抱合力强、毛羽少和柔软的特点。

用赛络纺纱工艺纺制的纱线,比一般双股线细、光洁、结实,因此可用作缝纫线,其均匀度稍差于双股线,但缝纫效果比一般双股线要好。

在赛络纺纱工艺中喂入细度、原料组分比、原料形态、捻度等方面有所不同的两根粗纱,既可在一根纱上有效发挥两种不同原料的特点,还保留有赛络纱线的特征,为后道工序提供富于变化的原料。

【任务实施】

客户来样赛络纺纱线为本色纱线,但经后期染整加工后呈现特殊的 AB 间色效果。赛络纺纱线前纺生产工艺与普通纱线差别不大,分析赛络纺纱线应重点关注纱线色彩、结构特征以及原料构成。

一、实施准备

（1）工作对象。赛络纺纱样若干。

（2）仪器、工具与试剂。绕黑板仪、显微镜、捻度仪、分析天平、缕纱测长机、标准光源箱、火棉胶、盖玻片、载玻片、蒸馏水、直尺、挑针等。

（3）工作条件。常温常压。

二、色彩与结构特征分析

分析赛络纱

赛络纺纱方法自发明至今，由于其相比传统环锭纺纱线在有害毛羽和纱线强力方面有着独特的优势，因而得到广泛应用，而根据客户或产品设计开发需求，赛络纺纱线也演变出很多品种，这些演变的品种大多在色彩与结构上与传统赛络纺纱线存在显著区别。

关注赛络纺纱线色彩特征，主要指赛络纺纱线色彩呈现的规律，常见的赛络纺色纺纱色彩规律有纯色色纺纱、AB色纺纱、赛络纺段彩纱等。除色纺纱外，赛络纺两根粗纱采用不同原料生产，在染整加工中由于不同纤维原料染色性能不同，纱线也会呈现AB间色的色彩效果。对赛络纱进行观察时一定要准确得到色彩规律，进而判断出正确的纺纱工艺。

赛络纱结构特征非常独特，两根有少许捻度的须条被加捻成一根纱线，纱线结构类似股线，赛络纱的区别在于其单股须条的捻度与纱线捻度相同，这一特点直接导致赛络纱线捻回不稳定容易回捻的特性。将赛络纺技术与其他新型纺纱技术相结合，可以开发出很多新型结构的纱线品种，如赛络纺包芯纱、赛络纺紧密纱、赛络纺竹节纱等。

客户来样色彩分析：客户来样纱线为本色纱线，但经后期染整加工后呈现特殊的AB间色效果，且纱线在黑暗状态下可发出可见光，其色光呈现荧光绿色，说明构成赛络纱线的两股须条分别来自不同的原料，且其中含有部分夜光纤维成分。而每股须条中的纤维是否为纯纺还有待进一步测试分析。

客户来样结构分析：将来样纱线均匀卷绕在250mm×220mm的黑板上，在标准光源环境下与普通赛络纺纱线结构进行比对。拆解赛络纺纱线两股须条，用放大镜仔细观察二者有无显著粗细差异。结果发现，客户来样纱线并无特殊结构，且两股须条无明显粗细差异，应由普通赛络纺工艺纺制。

三、原料构成

取客户来样纱线一段，通过手工将赛络纱线的两股须条进行分离，并单独进行原料分析。取须条中的纤维分别制作横截面及纵向切片，采用显微镜观察并记录须条纤维的结构特征，其结果见表1-14。从表中可以看出，此款赛络纺纱线分为A、B两股须条，其中A股须条为纯棉纤维，而B股须条应为功能性夜光纤维，A、B两股须条均为纯纺。

表 1-14 客户来样纱线原料微观结构分析

组别	横截面特征	纵向结构特征	判定结果
须条 A	不规则腰圆形、内有中腔	扁平带状，有转曲	棉纤维
须条 B	规则圆形，表面分散镶嵌有形状不均的颗粒	平直，表面镶嵌有形状不均的颗粒	夜光纤维

四、赛络纺主要工艺参数分析

1. 纱线线密度

采用缕纱称重法测算纱线线密度，根据来样的数量多少，用缕纱测长机绕取长度为 L_0（5m、20m、50m、100m）的缕纱样 n 组（3~30 组），用缕纱测长机将来样纱线卷绕成 100m/缕，取样 30 组，烘干后称取总质量除以取样组数，得到每缕纱平均干重，根据式（1-1）求得纱线线密度：

$$Tt = 1000 \times \frac{G_0}{L_0} \times \frac{100+W_k}{100} \tag{1-1}$$

式中：Tt——纱线线密度，tex；

$\quad$ G_0——缕纱平均干重，g；

$\quad$ L_0——缕纱测长机绕取长度，m；

$\quad$ W_k——纱线公定回潮率，%。

经测试，客户来样赛络纱线 100m 缕纱平均干重 G_0 为 1.76g。

由于混纺纱线回潮率为：

$$W_K = W_{KA} \times 50\% + W_{KB} \times 50\%$$
$$= 8.5\% \times 50\% + 0.22\% \times 50\%$$
$$= 4.36\%$$

故，来样赛络纱线密度为：

$$Tt = 1000 \times \frac{1.76}{100} \times \frac{100+4.36}{100} = 18.37 （tex）$$

需要注意的是，对于赛络纺纱线而言，在进行前道各工序定量设计时，细纱参考定量应为纱线实际定量的一半。

2. 纱线捻度

由于赛络纺纱线特殊的纱线结构，其捻度测试一般参考股线捻度测试方法，即直接计数法。用电动方法使纱线解捻，直至捻度完全解完为止，记下显示的捻回数值，根据捻回数和试样长度计算纱线捻度。试验中取试样长度 25cm，记录捻回数为 204，纱线捻度应为 81.6 捻/10cm。

五、整理与清洁

整理工作台，将实验仪器切断电源并摆放整齐，工具分类归位，清洁工作台，将废纱回收处理，被试剂沾染的纤维和纱线按老师指定方式集中处理。

【课外拓展】

（1）客户来样赛络纺纱线，已知该款纱线为均匀的淡绿色色纺纱，具有阻燃功能特性，试制订该款赛络纱线核心工艺分析方案，阐明需分析的要点内容。

（2）查阅赛络纺新产品开发相关专业文献资料，阐述其中1~2款新产品设计的核心工艺内容。

任务五　分析花式纱

【任务导入】

谈到花式纱线，不妨来了解一下这样一位特殊的业界精英，她就是陆亚萍，有人称她为"中国花布大王""花式纱线中国第一人。"她的经历无疑是中国纺织行业发展的一个缩影，展现了纺织人孜孜不倦的努力和无声却有力的贡献。陆亚萍，祖籍江苏南通，曾获中国十大杰出女性、全国三八红旗手、中国十大经济女性、中国百位杰出女企业家。在江苏省南通市，提起陆亚萍，几乎无人不晓。20世纪70年代初，十七八岁的陆亚萍开始学裁缝，心灵手巧的她拜师学艺，学会了做派克服、中山装、裤子……她走村串户为村民量体裁衣，开始了创业之旅。从小裁缝到家庭制衣作坊，再到买下拥有370个员工的商场，陆亚萍仅仅用了12年时间。1992年，陆亚萍带领15个人来到浙江发展，做花布零售批发，凭借信誉好、质量好、花色好，陆亚萍生意越发红火，到浙江第一年就挣了9500万，第二年1.5个亿，第三年2.7个亿，她的一举一动更成为柯桥市场的风向标，产品畅销国内市场，还出口美国、法国、日本、韩国等16个国家和地区，一跃成为中国轻纺城的头号布商，被誉为"中国花布大王"。

花式纱线作为面料市场重要的原料之一，多年来深受市场欢迎，特别是受到追求时尚的女性喜爱，本次任务来样为30cm×30cm的花式纱线面料，要求对来样进行分析，获得原料成分、捻度、捻向和超喂比等核心工艺参数，确保纺纱工艺设计与实施顺利开展，最终需定制一批花式纱线。

【知识准备】

花式纱线是指在纺纱和制线过程中采用特种原料、特种设备或特种工艺对纤维或纱线进行加工而得到的具有特种结构和外观效应的纱线，是纱线产品中具有装饰作用的一种纱线。几乎所有的天然纤维和常见化学纤维都可以作为生产花式线的原料，花式纱线可以采用蚕丝、柞蚕丝、绢丝、棉纱、麻纱、混纺纱、化纤长丝、金属线等作为原料。各种纤维可以单独使用，也可以相互混用，取长补短，充分发挥各自的特性。根据织物用途，可选用各种纤维原料进行巧妙的搭配，利用不同的纺纱原理和纺纱方法，改变纱线内部结构和外观形态，

常见花式纱线
及其应用

生产出品种繁多、形态各异的花式纱线。

近年来，花式纱线行业取得了一系列的新技术成果，并且在发展中被不断改进、提高，促使产品向原料多元化、结构复合型、品种差异化方向发展，这些成果得益于新原料、新工艺、新设备和新控制方法的采用。花式纱线机织物可用作大衣、西服、衬衫及裙子等面料，花式纱线针织物可广泛用于羊毛衫、围巾、帽子等针织服装。花式纱线还广泛用于地毯、沙发布、窗帘布、床上用品、高档墙布等家用领域，不仅成为国际纺织品市场上的新秀，而且是未来时尚流行趋势之一。

花式纱线是花式纱和花式线的统称。实际生产中，人们习惯将单股的花式纱线称为花式纱，将合股的花式纱线称为花式线。花式纱有别于花色纱，花色纱主要指色纺纱品种，通过不同色彩或不同染色性能的纤维组合，纺制具有特殊花色效应的纱线，花色纱多采用传统环锭纺细纱机经特殊工艺制成；花式纱多采用经适当技术改造的细纱机纺制，常见的品种有竹节纱、间断 AB 纱、双色交替纱、大肚纱、彩点纱、结子纱等。花式线多指由花式捻线机生产的纱线产品，根据加工工艺的不同，花式线可分为花式平线、超喂型花式线、控制型花式线、复合花式线、断丝花式线、拉毛花式线等；此外，采用绳绒机、钩编机、小针筒织带机等设备生产的花式线也得到一定的应用。

一、常见花式纱线的生产原理

1. 花式纱

（1）间断 AB 纱。在中罗拉和后罗拉处各送入一根不同颜色（或不同染色性能）的粗纱，中罗拉和后罗拉均采用单独传动，如中罗拉和前罗拉纺 A 纱，后罗拉间断送出 B 纱，这一段就形成 AB 纱。当送 B 纱时，A 纱应减速与 B 纱速度同步，以保证条干均匀，如图 1-42 所示。

图 1-42　间断 AB 纱

（2）双色交替纱。在中罗拉和后罗拉处各送入一根不同颜色（或不同染色性能）的粗纱，两对罗拉交替送纱，如中罗拉送出 A 色粗纱，经前罗拉牵伸纺出一段 A 纱，当 A 纱将要停止时，后罗拉开始送 B 色粗纱，在两种色纱交替处生成一段 AB 纱，每段色纱的长度可通过程序设定。

（3）大肚纱。大肚纱与竹节纱的生产原理相似，与竹节纱的主要区别在于粗节处更粗，而且较长，细节处反而较短。如图1-43所示，一般竹节纱的竹节较少，在1m内只有两个左右的竹节，而且竹节较短，所以竹节纱以基纱为主，竹节起点缀作用。而大肚纱以粗结为主，突出大肚，且粗细节的长度相差较大。目前常用的大肚为100~1000tex，使用原料以羊毛和腈纶等毛型纤维为主。

（4）彩点纱。在纱的表面附着多色彩点的纱线称为彩点纱，如图1-44所示，有在深色底纱上附着浅色彩点，也有在浅色底纱上附着深色彩点。这种彩点一般用各色短纤维先搓制成彩点，在正常的纺纱工序（梳棉）中加入制成点条，后经正常的纺纱生产加工制得彩点纱。由于彩点的加入，破坏了须条内部正常纤维的牵伸运动，成纱条干、毛羽、强力等受到显著影响，一般纺制100~250tex的粗特纱线，该类纱线在粗花呢面料中使用较多。

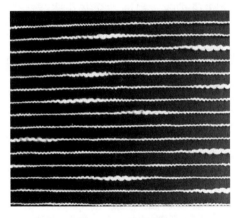

图1-43　大肚纱

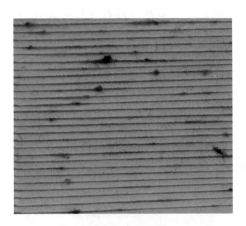

图1-44　彩点纱

（5）结子纱。这种纱与彩点纱相似，如图1-45所示，但它只用一种颜色的彩点，如纺涤纶纱时加入棉或黏胶纤维做成的粒子。这种纱线织成面料后如果用分散染料染涤纶，棉纤维不上色，就显出星星点点的白星。用这种纱与普通纱在经向按一定间距排列，染色后就会生成条状，若再加入纬向间隔排列的纱线就会生成格子状。

图1-45　结子纱

2. 花式线

花式线一般由三根纱线组成，即芯纱、固纱、饰纱，如图1-46所示。芯纱起骨架作用，主要提供纱线的强力，一般选用强力较高的长丝或纱线作为芯纱。固纱起加固作用，用来固定花形，使花形按生产时的方式固定下来，而避免沿长度方向滑移。固纱大多采用细且强力高的长丝。

饰纱呈现出花式效应，花式纱线的花式如粗细节、圈圈、小辫子等，均是通过饰纱表现出来。饰纱可采用棉条或粗纱经相同的牵伸但不同超喂（如圈圈纱等），或经不同的牵伸（竹节纱等）来生产，也可采用长丝，经不同的超喂（如结子纱等）来生产。有时，采用不同颜色的粗纱经不同牵伸不同超喂，可生产出不仅粗细变化而且颜色变化的花式纱。

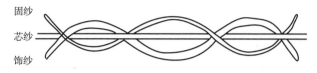

图 1-46　花式线示意图

（1）花式平线。在众多花式线中，花式平线（图 1-47）是最易被人忽视的产品。这类产品必须在花式捻线机上用两对罗拉以不同速度送出两根纱线，然后对其加捻才能得到比较好的效果。常见的品种有金银丝花式线、多色交并花式线、粗细纱交并花式线、长丝与短纤交并线等。

（2）圈圈线。这类花式线属于超喂型花式线，即饰纱超喂，使得饰纱包绕在芯纱上，呈圈形分布在花式线的表面，如图 1-48 所示。圈圈有大有小，大圈圈的饰纱较粗，从而成纱也较粗，小圈圈也可以纺得较细。圈圈线的线密度一般在 67～670tex。在生产大圈圈时，饰纱必须选择弹性好、条干均匀的精纺毛纱，而且单纱捻度要低。也可用毛条经牵伸后直接用于饰纱，称为纤维型圈圈线。

图 1-47　花式平线

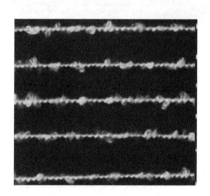

图 1-48　圈圈线

（3）结子线。结子线属于控制型花式线，在纺制这类花式线时，花式捻线机各罗拉的动作能够根据工艺要求随时发生动作变换，即能使罗拉速度一会儿快、一会儿慢，一会儿开一会儿停等一系列的变化，从而使得一根纱线缠绕在另一根纱线上，在成纱表面形成结子效应，如图 1-49 所示。结子间的间距可大可小，但一般以无规律为好，以避免布面出现规律性结子。结子线一般不宜太粗，试纺范围在 15～200tex。

（4）复合花式线。将几种不同类型的花式线复合在一起的纱线称为复合花式线。例如，结子与圈圈复合线，即用一根圈圈线与一根结子线，通过加捻或用固纱捆在一起，使得毛绒绒的圈圈中间点缀一粒粒鲜明的结子。常见的复合花式线还有圈圈与大肚复合花式线（图1-50）、粗结与波形复合花式线、绳绒线与结子复合花式线、绳绒线与长结子复合花式线、粗结与带子复合花式线、大肚与辫子复合花式线等。

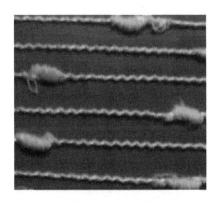

图1-49　结子线

图1-50　圈圈与大肚复合花式线

二、常见花式纱线的主要生产工艺

花式捻线机一般采用空心锭子加工方式，生产原理为：芯纱经芯纱罗拉输送，经导纱罗拉进入空心锭子；饰纱经牵伸机构后进入空心锭子，饰纱的喂入速度（一般为超喂）不停地变化；固纱从空心锭子筒管上引出并一起进入空心锭子。三根纱同时喂入，在加捻钩以前，芯纱、饰纱随空心锭子一起回转而得到假捻，而固纱由于从空心锭子上退绕下来，与芯纱、饰纱平行但不被假捻。通过加捻钩后，芯纱、饰纱的假捻消失，而固纱包缠在芯纱和饰纱上，将由于饰纱超喂变化形成的花形固定下来，形成花式纱线，如图1-51所示。芯纱需有一定张力，饰纱要有超喂，固纱必须包缠。整个纺纱过程中，一次完成牵伸，形成花型和络筒工序。花式的形成靠三根纱线的配合，通过对超喂比、牵伸倍数、芯纱张力、捻度等参数的控制，可获得不同的花形，要想得到好的花式线，就必须对这些参数进行综合控制。

1. 超喂比

超喂比是指前罗拉的表面线速度与芯纱罗拉的表面线速度之比。超喂比的大小直接决定饰线在纱线表面的花型大小。

2. 牵伸倍数

牵伸倍数是指前罗拉表面线速度与后罗拉表面线速度之比。牵伸倍数可以是恒定的，也可以是不断变化的，从而生产不同的花形。

3. 芯纱的张力系数

芯纱的张力系数是指芯纱罗拉表面线速度与输出罗拉表面线速度之比。芯纱的张力由

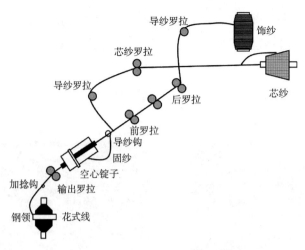

图 1-51　花式捻线机原理示意图

张力器或罗拉进行调整，张力的大小直接影响着成纱质量及花型的稳定。如张力太小，芯纱不能稳定地处于中心位置，进而影响成纱质量。

4. 花式纱线的捻度

花式纱线的捻度，对于筒管卷绕的机型而言，一般指固纱对芯纱单位长度内的包缠数，即空心锭转速与输出罗拉速度之比。包缠数的多少对花式纱的手感、外观、花式效果有直接关系。对环锭卷绕机型而言，除包缠数以外，还有环锭所加的捻度。加捻度的目的主要是平衡包缠所引起的不平衡，因此，该参数的设定必须和包缠程度以及纱线其他指标配合使用。

三、花式纱线的产品开发

1. 花式纱线产品的开发方式

（1）来样定制。客户往往在服装或家纺产品中抽取几根或几段，让生产厂商进行来样分析，即对芯纱、饰线、固纱的原料成分、捻度、捻向、超喂比等工艺参数进行分析，再小样试织。这个过程试织出来的产品一般只能做到近似，客户确认后方可投产。如客户要求做到与产品完全相同，那就需要对生产设备、原料等细节进行进一步分析。

（2）按客户要求在某些方面予以改进。这类产品除来样分析外，还要加入部分设计构思，有些产品当原料发生变换后可能会面目全非，所以要求设计人员具有丰富的经验及判别能力。特别应该注意的是，来样往往是从织物成品上抽取出来的，已经经过多道后加工处理，而初步设计出来的坯线经过整理后芯纱和固纱发生收缩，往往花型发生质的变化。最简单的方法是将生产好的花式纱坯线经过热水处理后再烘干，观察其外形变化。有时一种波形线如用长丝作芯纱或固结纱时，由于长丝沸水收缩率较大，所以往往使波形变成小圈圈。

（3）独立设计。独立设计主要依赖设计人员平时通过市场调研产生灵感，进行构思设计。另一方面也可在原来较好的花式线产品中进行同构设计，派生出一批新的产品来。花式线的创新设计全靠设计人员对原料、色彩艺术欣赏能力及丰富的实践经验。

2. 花式纱线产品的设计

（1）原料的选配。设计一款新型花式纱线用途必须明确，如该产品用于时装面料还是春秋或冬装面料，是高档产品还是大众化产品，当用途确定后方可选取原料。因为原料的好坏决定了纱线的生产成本，同时也决定了产品的质感和品质。如果该花式纱线用于精纺西服面料，原料就选择精纺毛纱，还可设计一些高贵雅致的小结子、波纹线等。

（2）芯纱、固纱和饰纱原料的选配。在设计一种花式纱线时还要确定该产品是用于针织还是机织、作经纱还是纬纱，及芯纱和饰纱在整根花式纱线中所占的百分比。如用作机织经纱，织造时须承受较大的张力和摩擦力，因此芯纱和固纱要选择强力高的涤纶长丝或锦纶长丝。如果饰纱用羊毛做成花式纱线时还要进行染色，芯线和固线只能选择锦纶长丝或毛纱，可保证它们的染色性能相同。如果饰纱选用深色，芯纱和固纱可选用黑色涤纶长丝，这样可降低成本。

（3）花式纱线外形结构的设计。花式纱线外形结构的设计要与后道产品相互配合，最好先按照后道产品的要求提出设想，先做一点样纱供后道设计人员设计新产品，也可由花式纱线设计人员设计一批新产品供后道使用厂商挑选。作为花式纱线设计人员，必须熟悉市场动向和拥有第一手信息，以便能够准确判断未来产品的发展方向，提出大胆设想，开发出好的产品，决不能闭门造车。有时也可以采用同构设计原理，对市场上的热销产品进行分析，开发出一大类相似产品。

（4）花式纱线色彩的设计。色彩的选配是一门科学，在配色中有调和色、对比色、类比色，在色光上有暖色调和冷色调。作为一名设计人员，要以艺术的眼光设计色彩，而不能以个人的喜爱来设计。在设计产品时首先要明确使用对象及消费区域，对消费对象的喜好有所了解，才能设计出市场热销的产品来。

四、花式纱线的应用

花式纱线应用的范围非常广，适用于棉织物、丝绸、毛巾、毛毯、领带、装饰布、服装面料、立体异形织物及各种规格的提花织物。用花式纱线织造的织物具有美观、新颖、高雅、舒适、柔软、别致的特点，主要应用于服装和家用纺织品。

（1）床上装饰用品。用结子花式线、结子花式粗节纱线、雪尼尔线等生产排须床罩、起圈床罩、提花床罩、花纹床罩、珍珠床罩、床沿、靠垫等。

（2）室内窗帘织物。用花式纱线原料织制高档窗帘类织物，如钩边、经编、烂花、印花、提花、缝边、烂花印花窗帘等。

（3）墙面装饰织物。采用花式纱线的墙面装饰织物高雅、美观，并且具有降低噪声的特殊功能。一般采用花式纱线墙布，其噪声可减少10dB，已被高级住宅、宾馆、饭店大量采用。

（4）家具装饰织物。用带有粗节结构花纹和花式纱线织成的家具装饰织物，在欧洲一些国家和北美特别流行。这类织物主要用于各类家具的装饰面料，如沙发面料、靠垫面料、座椅面料、屏风材料以及各类家具的装饰材料。

【任务实施】

花式纱线
来样分析

客户来样为 30cm×30cm 的花式纱线面料，其来样分析的主要内容包括纱线线密度、芯纱、饰纱和固纱的原料成分、捻度、捻向和超喂比等工艺参数。

一、实施准备

（1）工作对象。30cm×30cm 的花式纱线面料若干。

（2）实验仪器、试剂和工具。分析天平、手摇捻度计、显微镜、酒精灯、直尺、挑针、镊子、载玻片、盖玻片、化学试剂（盐酸、硫酸、氢氧化钠、甲酸、冰醋酸、间甲酚、二甲基甲酰胺、二甲苯）等。

（3）工作条件。常温常压。

二、花式纱线线密度的测算

因客户来样较小，无法采用正常的线密度测试方法，故采用定长切段称重法换算纱线线密度。根据客户来样为 30cm×30cm 的花式纱线面料，拆解纱线 20 根，分别切段成 20cm，即共计 400cm（4m），称得其重量为 0.275g，则该花式纱线线密度 = 0.275×250 = 68.75（tex）。

拆解芯纱、饰纱和固纱，分别称其重量得芯纱为 0.069g，固纱为 0.071g，饰纱为 0.135g，再分别计算出各自的线密度：

芯纱线密度 = 0.069×250 = 17.25（tex）

固纱线密度 = 0.071×250 = 17.75（tex）

饰纱线密度 = 0.135×250 = 33.75（tex）

各原料成分在花式纱线中所占百分比：

芯纱在花式纱线中所占百分比 = 0.069÷0.275 = 25.09%

固纱在花式纱线中所占百分比 = 0.071÷0.275 = 25.82%

饰纱在花式纱线中所占百分比 = 0.135÷0.275 = 49.09%

三、捻度及捻向分析

由于客户来样较少，采用手摇捻度计，取样夹持间距 10cm，实测捻度为 40 捻，捻向为 S 捻。将固纱（固纱一般为未经加捻的长丝）剪断，发现芯纱和饰纱呈 Z 捻状，再把捻度计以 Z 向退捻，使指针回到零位，这时发现芯纱和饰纱仍有 Z 向捻度，则继续退清芯纱和饰纱的 Z 捻，指针越过零位 20 捻，因此该花式纱线的捻度应为 40+20 = 60（捻/10cm）。

说明该花式纱线在生产过程中是用环锭退捻做的，由于花式纱线较细、捻度较高，所以用环锭退去部分捻度再加上自然定型，可减少花式纱线在后道生产时的斜片或扭结现象。该花式纱线的退捻率为 20÷60×100% = 33.3%。

芯纱和饰纱在花式纱线生产过程中形成的是假捻，而固结纱由于本身没有捻回，因而包上去的是真捻。当生产过程中用环锭退捻时，每退去一个捻回就等于给芯纱和饰纱加上一个反向的真捻，用捻度计退捻时等于给芯纱和饰纱继续在反向加真捻。当退清固纱的 40 捻时就等于给芯纱和饰纱反向加了 40 个真捻，这时再反向退捻回到零位，即退掉刚才退固纱时加上的 40 个真捻，这时再退去的捻回就是在生产过程中环锭退去的捻回。

四、超喂比分析

分析来样的超喂比实质是测定其芯纱和饰纱的长度，超喂比=饰纱长度/芯纱长度。由于从来样上拆下的各种纱线通过捻合有弯曲，加之来样有时是从经过后处理的花式纱线织物中得来，测量长度时可能有误差，所以超喂比可以用测量长度后计算出的数值，再根据需要做适当微调。

取来样中纱线 10cm，细心拆开，分别测其长度，实测芯纱长度为 10.2cm，固纱长度为 10.4cm，饰纱长度为 20.5cm，则超喂比=饰纱长度/芯纱长度=20.5/10.2=2.01。

五、原料成分分析

结合燃烧法、显微镜观察法、化学溶解法判定原料成分。燃烧法和显微镜观察法实验结果见表 1-15。化学溶解法实验结果见表 1-16。

表 1-15 燃烧法和显微镜观察法实验结果

原料成分	燃烧法实验结果	显微镜观察法实验结果	
		横截面	纵向
芯纱	近火熔缩，触火先熔后烧，冒烟滴液，发出芳香甜味，离火延烧，灰烬为黑褐色玻璃状硬球	圆形	平滑顺直
饰纱	近火熔缩，触火燃烧，发出毛发烧焦味，离火不易延烧，灰烬为松脆黑灰	圆形或近似圆形	有鳞片
固纱	近火熔缩，触火先熔后烧，冒烟滴液，发出芳香甜味，离火延烧，灰烬为黑褐色玻璃状硬球	圆形	平滑顺直

表 1-16 化学溶解法实验结果

原料成分	盐酸 37% 24℃	硫酸 75% 24℃	氢氧化钠 5%沸	甲酸 85% 24℃	冰醋酸 24℃	间甲酚 24℃	二甲基甲酰胺 24℃	二甲苯 24℃
芯纱	I	I	I	I	I	S（93℃）	I	I
饰纱	I	I	S	I	I	I	I	I
固纱	I	I	I	I	I	S（93℃）	I	I

注 I—不溶解，S—溶解。

根据实验结果，判断芯纱和固纱原料为涤纶，饰纱原料为羊毛。

六、整理与清洁

将工具、仪器和试剂归位，整理并清洁工作台，按照老师要求集中处理沾染试剂的纱线和面料，将未沾染试剂的废纱回收处理。

【课外拓展】

（1）试选用合适的原料，设计一款含毛量大于90%的大圈圈纱，并说明选用原料成分及所占百分比、超喂比。

（2）试在身边中寻找一块花式纱线面料，并分析其原料成分、捻度、捻向和超喂比等核心工艺参数。

➢ 【课后提升】

任务六　分析赛络紧密纱线

赛络紧密
纱及制品

【任务导入】

赛络紧密纺是在环锭纺技术的基础上，将紧密纺技术与赛络纺技术相结合的一种新型纺纱工艺，它结合了两者的技术优势，生产的纱线产品同时呈现赛络纺纱线和紧密纺纱线的特点，须条密实、毛羽极少、性能优良，与传统环锭纺纱线相比有着显著优势。由于赛络紧密纺纱线织制的面料表面纹理清晰，手感柔软，有光泽，且随着近年来智能化装备的上线，生产成本逐渐降低，逐渐受到市场青睐，成为不可或缺的常用纱线品种之一。

小王是某纱线企业的产品开发助理，某日，客户要求定制一批涤黏混纺赛络紧密纺纱线，但小王对这款纱线的生产和纱线性能并不是很熟悉，请你帮助他完成一款赛络紧密纱线的纺制，并对纺制的纱线进行基本的纱线性能测试与分析。

【任务实施】

一、纱线纺制

以涤黏混纺粗纱为原料，在加装赛络紧密纺装置的环锭纺细纱机上，纺制14.6tex的赛络紧密纺纱线与传统环锭单纱线各一组，每组纺制约1000m，测试比较成纱质量。主要纺纱工艺为：后区牵伸倍数1.21，锭速15500r/min，喂入粗纱定量4.20g/10m。两款纱线除牵伸倍数外，其他所有工艺及条件保持一致。

二、纱线结构分析

1. 表观结构

取纺制的两组纱线，将每组纱线间隔0.5cm均匀缠绕在载玻片上，通过显微镜观察其纵向结构形态。

根据观察，与传统环锭纺纱线相比，赛络紧密纺纱线的表面及外观具有更加清晰的表观结构，结构更加紧密，纱体圆滑，毛羽较少。这主要是因为经过集聚区后，纺纱三角区明显缩小或消失，纤维须条整齐顺直，头端分离出纱体的概率大大降低。

2. 退捻后结构

将两组纱线样品一端固定，手持另一端将其退捻，借助放大镜观察退捻过程及捻度退尽时纱线须条的形态。

退捻后赛络紧密纺纱线具有明显的双股结构，且单股上有少量捻回，完全退捻后，纱线中的纤维排列整齐顺直。而普通环锭纺单纱退捻后各组分纤维相互缠绕粘连，纤维排列相对混杂，且没有双股结构。

三、纱线强伸性能

控制实验室温湿度分别为22℃、65%，使用全自动单纱强力仪对两组纱线进行强伸性能测试，结果见表1-17。

表1-17　纱线强伸性能

纱线品种	断裂强力/cN	断裂伸长率/%
14.6tex赛络紧密纱线	378.5	6.1
14.6tex环锭纺单纱线	263.2	3.9

从表1-17可以看出，在线密度相同的情况下，赛络紧密纺纱线的断裂强力明显高于普通环锭纺纱线，断裂伸长率也有显著改善。根据纱线的断裂机理，纱线断裂是纤维断裂和纤维滑移的综合表现，由于赛络紧密纺纱线结构紧实，纤维和纤维间的接触面更大，导致纤维如要发生滑移就必须克服更大的摩擦阻力，因此表现出更加优异的断裂强力和断裂伸长率。

四、纱线毛羽

控制实验室温湿度分别为22℃、65%，使用全自动纱线毛羽测试仪对两组纱线进行毛羽性能测试，结果见表1-18。

表1-18　纱线毛羽性能

纱线品种	1~2mm毛羽/（根/10m）	3~9mm毛羽/（根/10m）
14.6tex赛络紧密纱线	320.5	3.8
14.6tex环锭纺单纱线	685.8	26.9

从测试结果来看，与传统环锭纺单纱相比，赛络紧密纺纱线毛羽明显减少，说明两种纺纱方法的成纱机理存在显著差异，正因为集聚效应和赛络纺工艺，使得成纱毛羽数有效降低，尤其是 3mm 以上的有害毛羽减少更为显著。赛络紧密纺纱线的问世，给环锭纺纱线免浆织造带来可能，可以帮助企业有效控制和节约成本，具有较高的经济效益。

五、纱线条干

控制实验室温湿度分别为 22℃、65%，使用条干均匀度仪对两组纱线进行条干均匀度测试，结果见表 1-19。

表 1-19　纱线条干均匀度

纱线品种	条干不匀率/%	(+200%) 粗节/(个/km)	(+50%) 粗节/(个/km)	(-50%) 细节/(个/km)
14.6tex 赛络紧密纱线	12.50	29	20	0
14.6tex 环锭纺单纱线	16.23	267	321	51

从结果来看，赛络紧密纱线特殊的成纱机理使得其纺制的纱线具有更加优越的条干均匀度特性，在棉结、粗细节等方面都显著优于传统环锭纺单纱线，使得其可以广泛应用于中高档针织物、机织物面料生产中，在终端产品中也拥有更好的耐用性和穿着体验。

六、整理与清洁

（1）切断细纱车间电源，清洁整理细纱机车面和地面，将粗纱原料和纺制的细纱样品妥善存放。

（2）将显微镜、全自动单纱强力仪、毛羽测试仪、条干均匀度仪断电，按照规定摆放整齐，切断实验室电源。

（3）清洁整理桌面和地面，保持环境卫生。

任务七　分析涡流纺包芯纱

【任务导入】

涡流纺纱是利用喷嘴和空心锭子构建的加捻腔中高速旋转气流对倒伏在空心锭子入口的开端化自由尾端纤维加捻包缠纱芯而成纱，纱线具有真捻的外观结构。涡流纺技术具有工艺流程短、高速高产和用工少的特点，同时生产的纱线毛羽少、耐磨性好、抗起毛起球，但纱线强力仅为环锭纺纱线的 80% 左右。为了提高喷气涡流纺纱线的强力，可引入包芯纱结构设计理念，开发涡流纺包芯纱，拓宽下游应用领域，打破市场产品同质化竞争僵局。涡流纺通过引入长丝喂入装置，利用高速旋转气流将短纤维包覆芯丝成纱，形成的包覆结构用于开发包芯纱产品具有独特的优势，形成真正意义上的包芯纱。从包芯纱产品来看，传统包芯纱存在一定的技术缺陷，易出现包覆不良、芯丝外露的现象，这种现象容易导致染色不匀，严重时会影响布面效果。涡流纺解决了环锭纺生产包芯纱容易出现芯丝外露的弊端。长丝在通过空心锭子时，外包纤维可以均匀地将其包覆，从而有效提升包覆效果，减少包芯纱芯丝外露的情况。试验发现，采用涡流纺生产包芯纱，如果将芯丝比例控制在20%以下，芯丝外露的现象几乎可以杜绝。

现有客户要求定制一批涡流纺包芯纱，但小王对这款纱线的生产和纱线性能并不是很熟悉，请你和他一起完成一款23.62tex喷气涡流纺黏胶/涤纶包芯纱的结构性能分析，以建立对该品种纱线系统的认知。

【任务实施】

一、纱线结构分析

将纱线样品放置在温度为（20±2）℃，相对湿度为（65±2）%的标准状态下调湿平衡24h。采用日立SU3800型扫描电子显微镜对喷气涡流纺纱线的形貌进行观察，加速电压为15kV（图1-52）。

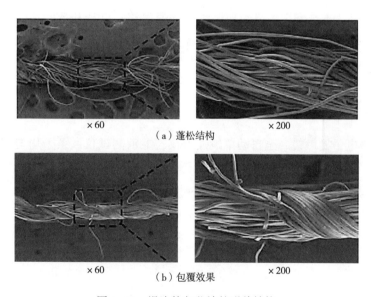

图1-52 涡流纺包芯纱的形貌结构

通过观察可知，涡流纺包芯纱芯线包覆效果良好，纱体呈现典型的蓬松不规则涡流纱结构，手捻无法完全退捻。两种纺纱技术的结合，不仅可有效提升纱线强力，而且不影响纱线后道染色加工，染液渗入空间充分。

二、纱线性能分析

为方便对比研究，取23.5tex涡流纺黏胶纱与23.62tex涡流纺黏胶/涤纶包芯纱进行性能对照。将两组纱线样品放置在温度为（20±2）℃，相对湿度为（65±2）%的标准状态下调湿平衡 24h。

纱线强伸性能：参照 GB/T 3916—2013《纺织品　卷装纱　单根纱线断裂强力和断裂伸长的测定（CRE 法）》，采用 Instron3365 型万能材料试验仪测试纱线的断裂强力和断裂伸长率。试样的夹持隔距长度为 500mm，拉伸速度为 500mm/min。每组试样有 3 个卷装，每个卷装测试 20 次，共测试 60 次，取平均值。

纱线条干不匀率和毛羽 H 值的测试：参照 GB/T 3292.1—2008《纺织品　纱线条干不匀试验方法　第 1 部分：电容法》，采用 YG133B/M 型电子单纱条干均匀度测试仪测试纱线的条干不匀率和毛羽 H 值。测试速度为 400m/min，时间为 1min，长度为 400m，每组试样测试 3 次，取平均值。测试结果见表 1-20。

表 1-20　涡流纺包芯纱主要性能

纱线品种	芯丝线密度/tex	断裂强度/（cN/tex）	断裂伸长率/%	条干 CV 值/%	毛羽 H 值
23.5tex 涡流纺黏胶纱	0	13.30	11.37	12.62	4.03
23.62tex 涡流纺黏胶/涤纶包芯纱	3.33	15.87	12.99	12.02	3.35

根据测试结果，不难发现涡流纺包芯纱与普通涡流纺纱线相比，在断裂强度、断裂伸长、条干和毛羽等方面都存在优势，特别是断裂强度提升 19.32%，这表明涡流纺包芯技术芯丝包覆效果良好，可承受较大的拉伸力。

三、整理与清洁

（1）将扫描电子显微镜、全自动单纱强力仪、毛羽测试仪、条干均匀度仪断电，按照规定摆放整齐，切断实验室电源。

（2）清洁整理桌面和地面，保持环境卫生。

○ 项目二
订单来样纱线开发与设计

◎**学习目标**

（1）熟悉色纺纱的定义、分类及产品特点与应用。

（2）能熟练区分未知色纺纱线的品种信息，能够借助科学的方法熟练分析色纺纱规格、原料、混纺比、配色方案等信息。

（3）能够结合具体的纤维原料品种的特性，选取合适的染料及助剂，制订合理的散纤维染色工艺，并组织实施。

（4）能熟练根据实际订单要求选取合适方法进行打样，样品色彩与来样一致并被客户认可。

（5）能熟练结合打样基础制订合理的色纺纱生产工艺，并组织实施，产品质量符合客户要求。

（6）能熟练制作色纺纱产品报价单，并对项目产品作出适当的报价。

◎**项目任务**

色纺纱行业出现在20世纪80年代以后，因其通过"先染色、后纺纱"的新技术手段，缩短了后续加工企业的生产流程，降低了生产成本，尤其是突破性地解决了传统染整行业污染较高的问题，极大地减少了能源消耗和环境破坏，因此具有较高的附加值。相对于采用"先纺纱、后染色"的传统工艺，色纺纱有较强的市场竞争力和较好的市场前景。截至2022年，我国色纺纱行业市场规模约为555.26亿元，中高端纺织品市场份额的逐步扩大及下游客户消费潜力的不断挖掘使色纺纱市场渗透率有望持续上升。2022年1月，中国棉纺织行业协会发布《棉纺织行业"十四五"发展指导意见》，将测色配色技术在现有研究基础上，继续优化系统算法，提高测色、配色的准确率，以适应色纺和色织的要求，并在行业中扩大应用范围列为重点攻关及推广的技术。2025年目标为在主要色纺纱和色织布企业实现应用。中华人民共和国工信部、发展改革委等国家部门于2023年10月发布了《关于支持纺织行业高质量发展的若干举措》，鼓励纺纱、织造、服装、家纺等产业链下游企业参与绿色纤维制品认证，推进绿色纤维制品可信平台建设，提升绿色纤维供给数量和质量。培育一批绿色设计示范企业、绿色工厂标杆企业和绿色供应链企业。这些政策将为色纺行业的持续平稳发展奠定了良好的政策基础。我国色纺纱企业按照产品档次、市场定位不同大致可划分为三类，各自所处的市场相对独立。我国企业在进入色纺纱领域后，并凭借劳动力丰沛、交货快、供货量大等优势逐渐占据市场主导地位。截至目前，除意大利、韩国等少数国家拥有少量产能外，全球约90%的产能集中在中国，主要集中在浙江、江苏、山

图 2-1 客户来样麻灰纱面料

东、广东等存在较大规模纺织服装产业集群、对色纺纱产品需求量较大的地区。

近日某色纺企业接到客户 5000kg 来样订单，客户来样面料如图 2-1 所示，生产一批 JC60/T40 14.6texK 高档针织麻灰纱，用于织造春夏季卫衣面料，要求一周后交货，纱线符合 FZ/T 12016—2021《棉与涤纶混纺色纺纱》质量标准要求。请根据客户订单来样纱线，分析纱线品种、规格及配色方案信息，制订合理的散纤维染色方案、配色打样方案，并组织实施。小样在 D65 光源下与客户来样对比一致，并得到客户认可后，能够制订合理的纺纱工艺并组织生产，产品性能指标符合客户要求的质量标准，且能够确保按期交货。

➤ 【课前导读】

任务一　认识色纺纱线

【任务导入】

中国色纺纱行业蓬勃发展，现已稳占全球市场的近九成份额，彰显出强劲的国际竞争力。国内企业凭借其产品的独特优势，正逐步引领全球市场的风向标，其中，百隆东方与华孚时尚两大行业巨头更是联手占据了中高端市场的七成以上份额，构建起了稳固的双寡头竞争态势。尽管中国色纺纱行业的起步较晚，但凭借持续的创新驱动和技术迭代，已对全球市场产生了深远而显著的影响。

色纺纱，作为一种创新的纺织原料，通过先将纤维预染成有色纤维，或采用原液着色技术生产有色纤维，再将两种或更多不同颜色的纤维巧妙融合纺制成纱线。其独特的混色效果和卓越的环保性能，使其在中高档服饰产品中得到了广泛应用。相较于传统的白坯染色，色纺纱能够呈现出更为丰富立体的视觉效果和质感，且在生产和使用过程中实现了无污染，因此深受市场消费者的喜爱。

色纺纱行业的崛起，不仅体现在市场占有率的迅猛增长和技术创新的不断涌现上，更在于其对环境保护的积极贡献。采用先染后纺的独特工艺，色纺纱相比传统工艺在节水减排方面取得了显著成效，减排率高达 50% 以上，甚至能够实现全程无污染生产，完美契合了当前全球倡导的低碳环保理念。在节能、减排、环保等方面展现出的明显优势，使色纺纱行业在全球范围内具有深远的战略意义，有望成为纺织业中一颗冉冉升起的朝阳产业之星。

本任务将学习色纺纱的基本概念和色彩构成，通过学习能够对常见的色纺纱进行合理科学地分类，并了解常见色纺纱的色彩特征。

【知识准备】

什么是色纺纱

一、色纺纱基本知识

我国从 20 世纪 90 年代初开启生产色纺纱。刚开始十年，以纯麻灰为主；而后十年，有多色多彩演变；近十年，开始了多技术的创新嫁接。今后，色纺将被赋予更多的内涵。

色纺纱一般由两种以上不同色泽、不同性能的纤维混纺而成，色纺纱可实现白坯布染色所不能达到的朦胧立体色彩效应和质感。由于采用"先染色，后纺纱"工艺，其制品还可以减少后整理时因各种纤维收缩或上染性能差异而造成的疵点。色纺纱最终色光一般为多缸纤维色光的混合，产品呈现双色或多彩感，能达到夹花朦胧的效果，制成的面料呈现多彩色、手感柔和、质感丰满的风格特征，从而提高了产品的附加值。

与传统纺纱相比，色纺纱具有显著的优势。

首先，是色纺纱的环保优势，这是相对于整个社会环境的污染总量而言的。传统的纺织品染色加工通常有两种途径，一是筒、绞纱染色，100%下水过染液；二是坯布染色或印花，同样 100%下水过染液。而色纺纱，纺前纤维染色（或原液着色），纺中按色比混合，纺后无须再染色，如纱线制品中有色纤维含量为 50%，那么，某种意义而言，对环境总污染量就减少一半左右。

其次，是色纺纱的挑战性。色纺工艺流程长，关联度大，生产中讲究协同组织和快速反应，对企业团队执行力、管理技术、营运系统都是一个巨大挑战。

最后，色纺纱的技术优势。色纺纱颠覆了传统的纺纱流程，棉纤维、毛纤维、麻纤维、化纤等成分先染后纺，于可纺性的改善，有一定的技术含量；来样分析，调色配色，于打样的过程，有一定的技术含量；段彩纱等特殊品种的纺制，于生产管理，有一定的技术含量；至于色彩的时尚演绎，于设计和研发，有更高的技术含量。

当然，色纺也有其难以逾越的弊端。用工多，成本高。色纺有灰度，挡车工巡回时视力易疲劳，分辨力低，加上染色纤维强力受损，纺纱过程断头率高，因此，细纱工序平均看台数减少，用工增加；另外，前道要设混花工序，各道要配备翻改揭底人员，均增加用工。

速度慢，效率低。色纺各道工序的速度，均比同支白纱要低 10%以上。多品种，小批量。各道机台时常处在调整换批中，使实际生产效率降低。色纺与白纱智能化、大卷装、清梳联、粗细络联等发展趋势，显然是不相吻合的。

色纺浪费消耗惊人。各种颜色、各种成分、零星的回花、下脚，很难适时地掺用；色偏、色差等各类问题纱，零星库存纱很难控制，日积月累，浪费严重。以上弊病，都有待于色纺企业不断改善，加强精细管理。色纺是真的需要工匠精神的行业。

61

然而，展望长远，色纺独特的混合效果，朦胧夹花的布面风格，多组分混纺的优良特性，多技术运用的纺制方法，以及环保绿色的发展趋势，注定了色纺有广阔的前景。

二、颜色的基本知识

颜色可分为彩色和非彩色（或称消色），这是因为物体对光具有吸收性能。彩色是物体对可见光选择性吸收的结果，非彩色是物体对可见光非选择性吸收的结果。例如：红色的纤维，多反射红光，因为其他颜色的光基本被吸收了，因此只能看到红色。通常人们将色调、饱和度和亮度称为颜色的三项基本特征，或称为色的三要素，如图 2-2 所示。

图 2-2　颜色的三项基本特征

a—色调　*b*—饱和度　*c*—亮度

1. 色调

色调又称色相，可用来表征各种颜色的色别，是色与色之间的主要区别，也是颜色的最基本性能。如红、黄、蓝、绿就是不同的色调。色调也可用来区分颜色的深浅。

2. 饱和度

饱和度又称纯度、鲜艳度或彩度，可用于区别颜色的鲜艳程度，它表明颜色中彩色的纯洁性，即颜色中所含彩色成分和非彩色成分的比例，含彩色成分的比例越大，纯度就越高。因此，光谱色的纯度最高，而消色（即白色、灰色、黑色）的纯度最低，所以说光谱色是极限纯度的颜色。

3. 亮度

亮度又称明度，可用于区别颜色的浓与淡。它表示有色物体的表面所反射的光的强弱程度，即表明物体色接近黑白的程度，明度值越大，表明越接近白色，反之，越接近黑色。

总之，颜色的三个基本特征是互相联系的，要准确地描述一种颜色，三者缺一不可。同样要判断两种颜色是否相同，首先要判定颜色的三要素是否相同。

三、色纺纱原料的色彩构成

生产中，影响色纺纱成品色彩效果的因素有很多，色纺纱的色彩效果不仅包括纱体本身所呈现的总体色彩，还包括各种色彩在纱体结构中的分布规律，这种分布规律往往直接决定了产品给予人类的视觉感受。纤维原料的混色配方及生产加工的混色方法，是决定色纺纱色彩效果的重要因素。

根据纤维原料的混色配方，可以将色纺纱分为双色混纺纱和多色混纺纱。

1. 双色混纺纱

双色混纺纱（图2-3）是由两种颜色的纤维混合纺成的纱（如麻灰纱）。混色均匀的双色混纺纱，根据色纤维混入比例高低又分为低比例色纺纱（色纤维含量≤10%）、中比例色纺纱（10%≤色纤维含量≤40%）和高比例色纺纱（色纤维含量≥40%）。混色均匀的色纺纱质量要求较高，生产中首先要控制混色均匀性，防止色差；其次是棉结，在中、低比例色纺纱生产中，要严格控制对纱线质量危害大的色结。在混色不均匀的双色纺纱生产中，为提高两种颜色的视觉效果，两种色纤维的混纺比例在1：1左右的差别较小。

40%黑纤维　　　30%黑纤维　　　20%黑纤维

图2-3　双色混纺纱（麻灰纱）

2. 多色混纺纱

多色混纺纱是由两种以上颜色的纤维混合纺制而成（如三色纱等）。它以色彩作为主打，根据时尚流行色选定色彩搭配，层次感强，具备优良的日晒色牢度、摩擦色牢度、水洗色牢度等各项指标，为织制高档时尚面料新品种奠定了基础。生产中采用不同原料、不同色彩进行多种组合，可形成千姿百态、风格各异及不同服用性能的新花色、新产品。多色混纺纱及其制品如图2-4、图2-5所示。

即使采用相同的纤维原料混色配方，在纺纱生产中采用不同的混色工艺，所纺制的色纺纱色彩效果也会呈现很大差异。目前，生产上较为常用的混色工艺有棉包混棉、条子混棉、复合混棉三类。

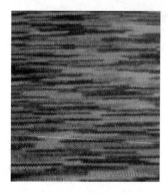

图 2-4　多色混纺纱　　　　图 2-5　多色混纺纱面料

（1）棉包混棉。棉包混棉也称立体混棉，适用于纯棉纺纱、纯化纤纺纱、化纤混纺纱。由于棉包松紧存在差异，抓棉打手在各处抓取能力不同，此混合方法虽使清梳工序生产顺利、管理方便，但混纺比不易控制，混合效果稍差。当棉与化纤混纺或化纤的比例较小时，采用棉包混合，其混棉效果如图 2-6 所示。

立体混棉动画演示

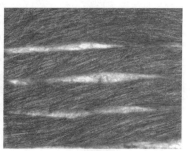

（a）生条　　　　　　　　　（b）熟条

图 2-6　麻灰纱棉包混棉棉条

由于有色纤维在加工初期就进行了混合，再经多道混合和梳理加工工序，纤维实现了全方位立体性混合，均匀性好，色彩融合性较好，纱体呈现较为均匀的纯色，如图 2-7 所示。

图 2-7　棉包混棉麻灰纱

（2）条子混棉。条子混棉又称纵向混棉，是在并条机上按比例进行混合的方法，适用两种性能差异较大纤维的混纺。此方法有利于控制混纺比，混合均匀，但需经过多道并条工艺才行。

纵向混棉动画演示

由于不同颜色的纤维条在并条工序混合，虽经历2~3道并条，但各色纤维并不能实现彻底地混合，而是在须条长度方向上呈现有规律的色彩分界，如图2-8所示，经粗纱和细纱加捻加工，最终的纱线制品仍可见显著的色彩分界，如图2-9所示。

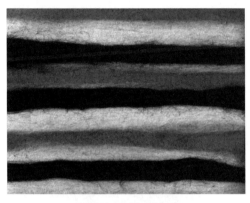

（a）一并半熟条　　　　　　　　　　　　（b）二并半熟条

图2-8　麻灰纱条子混棉半熟条

（3）复合混棉。在高档纯棉色纺时，两种混料方法兼用之，复合混棉棉条混色效果如图2-10所示，纱线混色效果如图2-11所示，复合混棉兼具了棉包混棉和条子混棉的特点，成纱色彩更具层次感。在色纺纱的生产过程中，对于原料的混合是关键的一步，混料的均匀性是保证质量的一个重要环节，也是优质产品的影响因素之一。若原料混合不匀，不仅影响到纱线的物理力学性能，还会影响到织物的染色均匀性能。

图2-9　条子混棉麻灰纱

此外，基于传统纯色的色纺技术，生产技术人员及纱线产品开发人员不断创新纺纱工艺技术，逐渐形成了色纺AB纱（图2-12）、段彩纱、彩点纱（图2-13）等新型色纺产品，这些产品风格独特，色彩柔和，富有层次感，深受消费者欢迎。

复合混棉动画演示

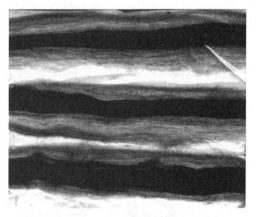 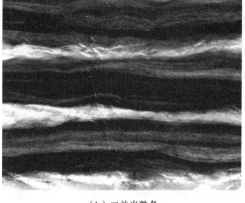

（a）一并半熟条 （b）二并半熟条

图 2-10 麻灰纱复合混棉半熟条

图 2-11 复合混棉麻灰纱 图 2-12 色纺 AB 纱

色纺 AB 纱采用赛络纺纱技术，在细纱工序增加粗纱喂入根数，采用 A、B 两种色彩的粗纱同时喂入，制成具有均匀螺旋分色效果的色纺 AB 纱，如图 2-12 所示。段彩纱则是基于赛络纺技术，同时喂入两种色彩的粗纱，其中一根粗纱作为基纱，持续稳定地输出，而另一根粗纱作为段彩，定时或随机间断输出，在纱体纵向上呈现间断的彩色效果，如图 1-11 所示。彩点纱则是在梳棉工

图 2-13 色纺彩点纱

序加入特定加工设备搓制的纤维球（彩色棉结），然后制作点条，与无点条在并条工序混合，再经正常的纺纱工序纺制的纱线，纱体上随机分布彩色棉结，风格独特，色彩艳丽，时尚美观，如图 2-13 所示。

常见色纺纱
动画演示

【任务实施】

一、实施准备

（1）工作对象。各类色纺纱线若干。

（2）实验仪器、试剂和工具。标准光源箱、放大镜、绕黑板机。

（3）工作条件。常温常压。

二、纱线分类

（1）样品准备。将每种色纺纱线标号样品序号，用绕黑板机绕取一块黑板，贴上样品序号标签待用。

（2）纱线分类。借助放大镜等工具，将绕有各类色纺纱的黑板依次放置在标准光源箱内仔细观察，根据纱线色彩特征将样品序号填入表2-1。

表2-1 常见色纺纱产品分类辨别

序号	色纺纱常见类别	色彩特征	样品序号
1	普通色纺纱	普通色纺纱是由两种或两种以上不同颜色的纤维，经过充分混合纺制而成的具有独特混色效果的纱线。这种混色工艺使色纺纱在视觉上呈现出丰富的色彩层次感和立体感。其色彩自然均匀，不需要印染，减少了成本及环境污染，同时色泽耐久不褪，织成的面料具有朦胧的立体效果，既时尚又高雅	
2	麻灰纱	麻灰纱是一种采用黑白两种纤维进行混纺的色纺纱。在纱线上，灰色、白色和黑色呈现有规律或无规律分布，这种独特的色彩搭配使麻灰纱在针织物面料中非常受欢迎。其色泽自然和谐，给人以质朴、低调而又不失时尚的感觉	
3	色纺 AB 纱	色纺 AB 纱通常由赛络纺工艺生产，喂入粗纱为 A、B 两色，纱线长度方向呈现均匀的螺旋分色效果，布面有夹花效果	
4	彩点纱	彩点纱在纱线表面附着有色彩斑斓的点子，这些点子与基纱形成鲜明的对比色泽。彩点纱通常是在深色底纱上附着浅色彩点，或者在浅色纱上附着深色彩点。彩点的颜色多样，可以是单色或多色选择	
5	段彩纱	段彩纱由多种色彩纤维组合而成，这些色彩纤维在纵向长度上则呈现不规则分段，既可以是长片段彩，也可以是段片段彩。这种分段色彩效果是段彩纱的标志性特点，使纱线在与其他纱线混纺时，能够展现出一种特殊的纹理，为面料设计增添了立体感和方向感	
6	马赛克色纺纱	马赛克色纺纱采用创新技术研发，可以根据设计需求，在纱线纵向上随意切换原料色彩，使织物在同一条纱线上就能展现出多种色彩而形成马赛克外观特点。这种独特的色彩表现方式，打破了传统单一的染色方式，能够满足不同消费者的个性化需求	

三、整理与清洁

关闭标准光源箱及绕黑板机开关并切断电源后整齐摆放，将工具分类并有序归位，废纱回收处理，清扫桌面，保持整洁。

➢ 【课中任务】

任务二　色纺纱订单来样分析

【任务导入】

在色纺纱企业中，所承接的订单多为来样定制或按需定制，纺纱工程师需兼具出色的沟通能力和精湛的技术水平，确保服务的高质量开展。按照客户需求定制时，纺纱工程师需与客户进行深入细致的沟通，全面了解客户的具体需求和期望，涵盖纱线的色彩要求、色偏容忍度、原料选择、工艺标准、品质要求、需求量及交期等多个方面。基于这些精准的信息，工程师将为客户提供满意的定制方案，并制作样品以供客户选择或审核，从而为后续的合同签订奠定坚实基础，彰显出高度的责任心和敬业精神，这也是新时代思政精神的体现。

在来样定制方面，纺纱工程师需运用科学的分析方法和严谨的步骤，对来样的纱线种类、规格、原料成分及配色方案等进行全面剖析，并形成详细的书面解析报告。随后，工程师将与客户进行再次沟通，以最终确定原料选择、配色方案及生产工艺等关键细节。在获得客户的认可后，将制作样品以供客户审核或选择，确保整个定制过程符合客户的期望和要求，展现出专业性和严谨性，这也是纺织行业从业人员精益求精、追求卓越的核心素养的代表体现。

本次任务要求分析客户来样面料，借助科学的方法确定纱线具体品种、规格、捻向、捻度等核心参数，分析纱线色彩信息，确定纱线具体加工工艺及纤维配色方案，确保后续打样工作顺利开展。

【知识准备】

一、纱线品种分析

分解来样纱线，确定纱线成纱结构，判断纱线类别。目前市场上较为常见的纱线类别有环锭纱、OE 纱、涡流纱、花式纱等，其中环锭纱又有赛络纱、包芯纱、紧密纱、竹节纱、段彩纱等多个变种，而花式纱线有着显著的结构和色彩特征，较易鉴别。

二、纱线规格分析

主要指纱线线密度、捻度等，纺制的纱线线密度和捻度一定要和客户送样一致，否则对色不准，纱线越细捻度越大，颜色就越深，色光也会随之改变。特殊结构纱线还需分析结构规格参数，如竹节纱需分析竹节的长度、间距和粗度；段彩纱需分析段彩的长度、间距和粗度等。

三、原料成分及混纺比的分析

分解来样纱线，通过定性定量分析，获取纱线原料成分及混纺比。由于纤维制造技术的进步，新型纤维原料品种成百上千，给纤维鉴别工作带来很大的难度。常用的新型纤维原料有较大部分为常见原料的改性产品，或与常见原料具有显著共性。如芦荟纤维、薄荷纤维的主要化学成分及微观结构与黏胶纤维较为相似；而珍珠纤维、变色纤维、发热纤维、负离子纤维等主要物理化学性能与某些化学纤维基本相似。鉴别过程中，可以借助手感目测、燃烧、化学分析及显微技术等多重手段综合评定。

生产中，通常不需要精确分析来样纱线的成分配比，而常常借助客户提供的技术资料，或客户对原料品种及质量要求，快速确定纤维品种及混纺比。因为不同的原料带来的直接生产成本往往差别较大。客户可根据自己的综合需求对纱线原料进行指定，而生产厂商根据客户的原料需求进行配色打样，只要样品的色彩效果得到客户认可便可下单生产。

四、对色与原料混色配方分析

客户提供的色样，一般有明确的光源要求，如自然光、日光、D65（人造自然光）、TL84（欧洲百货公司白灯光）、F/A（室内钨丝灯光）、UV（紫外线灯光）等。打样和审样时，一定要用客户指定的光源，在对色箱中进行，对色箱如图 2-14 所示，因为在不同的光源下会产生不同的色光。无特殊要求时，一般采用 D65 光源，少用自然光，因为自然光受天气限制，不同时段产生的视觉效果不同。

图 2-14　标准对色箱

对色时，一要平视布样或纱线倾斜 45°，可将布片叠二到五层，避免单层对色；二要注意对比时样品位置与标准样位置左右上下调节对比，观察差距；三要注意对色时减少不同样品的连续对比，先取颜色浅明度低的产品，再取深色产品，防止视觉疲劳。

对来样整体色光进行判断后，还要分解来样纱线的有色纤维构成，因为色纤维色光互补，易造成配色差异。一般通过分色称重法、显微镜法、混纺比法、目测估算法、电脑扫描法等分色手段，确定有色纤维的种类及成分配比。结合纤维原料的分析结果，根据纤维的色彩分析，确定各色纤维原料的主要染色工艺及染料要求。因为生产中染色配方和染色工艺难以复制，完全相同的色彩仿制难度较大，一般可根据来样分析的结果准备打样，并对混色配方进行及时的调整和修正，获得与来样最为接近的类似样送客户确认，客户认可后方能确认生产。

需要注意的是，如果客户来样是经过后整理加工的，要考虑所选纤维在后加工整理后的色光变化。如来样为增白处理，测试小样的原料选用增白原料，确定比例出先锋样时，换增白为原白色，以避免后整理过程中发生色偏。

五、色牢度要求分析

客户来样订单，如果有色牢度要求（如耐日晒牢度要求4-5级），则需进行染料选择。

色纺纱企业的客户来样应妥善保管。在客户档案中保留来样，对于染色配方的制订和颜色管理非常重要。若色样不慎丢失，主管必须及时通知业务人员再次提供色样。客户色样的尺寸应适当，过小会影响技术人员对色彩的判断。

要加强色卡管理工作，相关技术部门每天都会接到很多不同颜色的色样，相同染色配方染出的纤维经过不同的纺纱工艺纺制成纱后，颜色差异往往较大。需要专人负责，对所打的小样进行整理，整理后的色样才能作为日后染色打样配方的参考样本。将客户来样、生产大样与小样并排贴在一起，即成为具有对比效用的打样用参考样卡。由技术主管对这些色样进行对比，可系统地纠正染色配方。

【任务实施】

一、实施准备

（1）工作对象。来样面料30cm×30cm若干。

（2）实验仪器、试剂和工具。八篮烘箱、分析天平、标准光源箱、洗衣机、洗衣粉、直尺、放大镜、挑针、企业标准色卡等。

（3）工作条件。常温常压，色牢度实验按照FZ/T 12016—2021《棉与涤纶混纺色纺纱》标准要求。

二、纱线品种分析

拆解客户来样面料，借助放大镜等工具，仔细分析纱线结构与色彩特征，发现纱线无特殊结构，且符合普通环锭纺纱线特征，而其色彩特征显示纱线纵向上色彩分布不均，且深浅色存在色彩相间。

什么是麻灰纱

对于麻灰纱来说，不同的混棉方法实现的混色效果各不相同。复合混棉由于将棉包混合与条子混合综合使用，整个纱条呈现灰色底色，交错有螺旋形深灰色；立体混棉由于采用棉包混合，有色纤维与本色纤维充分混合均匀，整个纱体呈现均匀的灰色；纵向混棉的纱条特点在于，整个纱体呈现白色底色，交错有螺旋形不规则灰色或深灰色。

本例中，客户来样纱线与纵向混棉纱条特点相同，故认为该例纱线为纵向混棉，有色纤维与本色纤维分别经过开清棉和梳棉，在并条时混合。

三、纱线规格分析

由于客户来样面料限制，采用定长称重法换算纱线线密度，拆解面料纱线，取样计10m称取纱线质量，注意测量纱线长度时应使纱线在拉直状态下进行。试样经烘箱烘干，称取10m纱线干重为0.141g。由于纱线为JC/T混纺，因此纱线公定回潮率$W_k = 8.5\% \times 60\% + 0.4\% \times 40\% = 5.26\%$。则来样纱线线密度 Tt = 0.141×10×（1+5.26%）×10 = 14.8（tex），符合14.6tex±2%的质量标准，执行客户要求，取纱线线密度为14.6tex。

观察纱线捻向为Z捻，取纱样10cm，测10组，采用一次退捻加捻法测量纱线平均捻度为81.5捻/10cm。

四、原料成分及混纺比的分析

根据客户订单要求，纱线原料为精梳棉与涤纶混纺，混纺比为60/40。需要注意的是该混纺比是指不同原料用量的干重比值，在经配对色后还会有色纤维比例，要将两者加以区分。

五、对色与原料混色配方分析

将布样中的纱线制作成样卡，在D65光源下对照企业内部标准麻灰纱色卡，确定来样纱线色光与黑白纤维比例20/80的麻灰纱最为接近。进一步进行色纤维分析，拆解来样布片中的纱线，将纱分解为散纤维，采用放大镜在D65光源下目测分析，分析其共有几种色纤维色光，不能只看整体色光，因为色纤维色光互补，易造成配色差异。经目测分析，初步估计纱线由黑色纤维与原白纤维两种纤维构成，两者之间的比例为20/80。

色纤维目测比例结果的准确性对配对色人员的工作经验有着非常大的依赖性，有条件的企业也可以结合电脑图像扫描等高科技手段初步测试色纤维比例。

初步估计的色纤维比例将在后续打样，乃至大样生产中逐步被修正。

与客户确认纱线是否会经过增白等特殊处理，如无则根据纱线原料混纺比棉/涤比例为60/40，其配色方案初步定为：本色棉/黑色棉/本色涤 40/20/40。

六、色牢度要求分析

根据FZ/T 12016—2021《棉与涤纶混纺色纺纱》标准要求，纱线耐皂洗色牢度、耐汗渍色牢度、耐摩擦色牢度均需达到 4 级。

七、整理与清洁

关闭仪器开关并切断电源后整齐摆放，将工具分类并有序归位，废纱和剩余面料回收处理，清扫桌面，保持整洁。

【课外拓展】

（1）在生活中寻找 2~3 块麻灰纱面料，试对其纱线品种、规格及色纤维比例进行分析。

（2）参照企业麻灰纱色卡，讨论生活中常见麻灰纱面料的色纤维比例范围。

任务三 色纺纱配色与打样

【任务导入】

配色与打样工作需要极大的耐心和精益求精的工匠精神，色彩稍有偏差可能就造成订单无法被客户认可。在配色打样领域有一位中国纺织大工匠——钱琴芳，她 28 年坚守一线，从事配色与打样工作，研发了"纺织颜色大数据系统"，改变了传统的配色模式，使纺织品的调色效率大幅提升，先后开发了数千款新型面料，其中 1700 余款获各项奖励，多项研发成果获中国纺织工业联合会科技进步奖，江苏省科技进步奖。她职业生涯中积累的笔记就有 50 多本，垒起了 28 年职业生涯的拼搏和坚守。

本次任务将沿循工匠精神，根据前期来样分析对色纤维比例的估算，配成小样，快速试纺纱或布样与来样对比色泽色光，根据差异情况确认最终比例，最终制作的样品色泽与色光与来样一致并被客户认可，以便后续大货工艺及生产的顺利实施。

【知识准备】

色纺纱是由不同颜色的色纤维经均匀混合纺制而成的色纱，色纺纱制成的面料具有色泽柔和丰满、层次感强的特点，色纺纱的配色其实和染色配色相似，只不过染色配色是以染料为材料，生产过程是化学过程，色纺纱配色是以色纤维为材料的物理过程。

色纺纱打样

如何提高配色准确性，减少色差，提高大货与小样之间的一致性，是保证色纱质量，降低成本的关键一步。

一、打样条件配置

1. 打样室配置

打样室一般须配备标准光源灯箱、万分之一克光电分析天平、千分之一克精密电子秤、10 倍织物密度镜、小型倍捻机、袜机、横机、针织圆机、电吹风、布片切割机、甩干机、烘干机等。色纺打样室主要配置如图 2-15 所示。

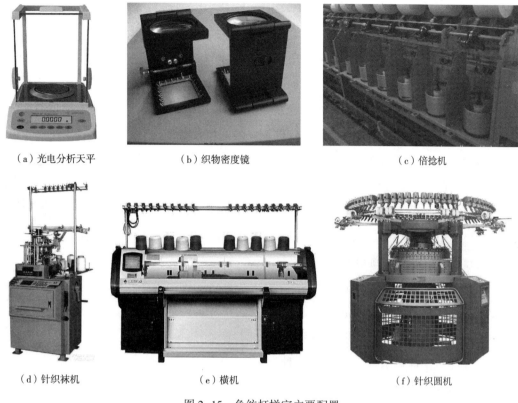

（a）光电分析天平　　　　　　（b）织物密度镜　　　　　　　（c）倍捻机

（d）针织袜机　　　　　　　　（e）横机　　　　　　　　　（f）针织圆机

图 2-15　色纺打样室主要配置

2. 打样设备配置

为使打样机台的环境和大货一致，色纺企业打样设备应安装在车间统一管理，一般梳棉机 2 台，一台普通工艺，一台点子工艺。并条、粗纱、络筒、倍捻机各 1 台，细纱短车或多功能小样机 3 台以上，便于更改 AB 纱、段彩纱等特殊品种工艺，具体根据企业实际需求而定。

3. 样品库

色纺企业建立样品库，将过往生产资料进行留存，对于企业快速响应并保质保量完成订单具有十分重要的意义。有条件的企业建有专门的样品库，由专人管理。也可在打样室建样品陈列柜。样品库环境要干燥避晒，分品种、分色系留样，明确专人保管建档。

二、配色与打样

近年来，色纺行业打样配色人才十分紧缺，凤毛麟角、一才难求，岗位待遇也日益看涨。高水平、高层次的色纺打样人员需要具备工匠精神，熟悉"色"和"纺"，有一定的色彩知识。打样技术除了在市场接单、抢单时需用外，产品开发也离不开打样技术，色纺打样人员很多也属于或身兼产品开发职能。色纺产品开发要将色彩、艺术、纺纱技术三者有机结合，具有色彩知识和工艺创作能力才能产生好的色纱产品构思，有了好构思还必须运用打样方法进行小样尝试，从构思到产品形成过程中的反复改进需要打样技术支撑，以降低成本。

生产中色纺纱的配色，一般采用来样分析的方法，通过分色称重法、显微镜法、混纺比法、目测估算法、电脑扫描法，分析出来样由几种颜色的色棉和原棉所组成，各种色棉、原棉所占比例是多少，再选择色棉，同时应保证所选色棉色光和来样色光一致。由于所选色棉或染出来的色棉不可能与来样中的色棉一模一样，所以需要试纺打样，根据打出来的小样与标样对照，调整相应的色比，以获得较好的配色效果。

1. 标准色纤维体系的建立

色纺纱配色

色纺纱配色要建立标准色纤维体系，配色过程采用互补的方式，减少色纤维种类，便于大货生产操作，同时能快速反应，用现有色纤维配色，缩短"分析→染色→打样"的过程，满足客户快速交货的要求。注意应尽量避免选用同色异谱纤维（俗称跳灯）。

（1）黑色系列：红光、青光、黄光。

（2）蓝色中深色系列，一般6~9种。

（3）蓝色中浅色系列，一般4~6种。

（4）咖啡色中深色系列，一般5~8种。

（5）咖啡色中浅色系列，一般6~9种。

（6）红紫色中深色系列，一般5~8种。

（7）红紫色中浅色系列，一般4~6种。

（8）绿色中深色系列，一般5~8种。

（9）绿色中浅色系列，一般3~4种。

（10）黄色系列一般4种。

2. 标准色纤维体系的应用

根据客户对布片花灰要求来选择深中浅配色。一般深色与浅色搭配花灰立体感较强，或用深色纤维以任意比例与原白纤维混合，纺出很浅到中等深度的甚至全色纱，色系深浅相近配色则近素色光，即单色要求。配色时根据样品要求选择一个标准色为主色，再配2~3个色，用补色方式调整各种色纤维之间或同原白色的用量，纺成纱与来样对比。标准色的选择是灵活的，一般选择比较深的颜色为标准色，避免单色调色，防止后续染色差异而无法调整色光。

3. 颜色确认步骤

色纺打样颜色的确认一般遵循以下步骤：分析来样成分及颜色组成→估算颜色比例→配成5g小样→快速试纺纱或布样与来样对比色泽色光，根据差异情况确认最终比例。

在这个过程中应注意以下几点内容。

（1）如果是自行开发的新花色品种，就按照设计工艺配色比例直接选取所需纤维进行配色。

（2）客户来样，必须要读懂定单要求，确定成分（如 T/C 或 C 或 R 等），纱支以及后道织造要求，根据质量要求选择配棉。如果来样是布片，必须弄清面料是否要后道漂白、增白处理，同时分析布面风格，确定工艺方案是普通工艺还是特殊工艺，选择可行性工艺方案。打样是为了大货生产，满足客户后道要求，不能为打样而打样。

（3）进行色纤维选择分析，一般将布片或纱分解为散纤维，采用放大镜目测分析法，分析其共有几种色纤维色光，不能只看整体色光，因为色纤维色光互补，易造成配色差异。

（4）目测估算法，估计好各种色纤维与原白纤维之间的比例。

三、色纺纱打样技术

色纺打样就是对照客户来样做出产品小样的过程，即用少量的原料试制出样品的过程。与传统的本色纺不同，它是色纺最关键的核心技术之一。来样一般是样纱或样布，也可以是按照业内通用的相关色卡指定的色号，试制出的样品有两个用途，一是送给客户，即送样，作为确认是否可以下单的样品，样品可以是纱样，也可以是布样，近年来的趋势是以布样为主；二是生产企业自留，标样作为大货生产过程中的质量控制和成品质量检测评定的标准依据。

1. 打样的基本要求

根据长期的生产实践，色纺打样主要应满足以下几点要求。

（1）准确性。送样应符合来样要求，送样与来样的颜色很难绝对相同，但要很接近。打样是色纺生产的先决性环节。如果送样与来样颜色差异较大，客户不确认，则不会有生产订单。

（2）一致性。送样要能与之后批量生产出来的产品风格基本一致，送样也是客户评定最终产品的一个检验标准，与送样不同的产品，客户是不会接受的。也就是要能通过打样来确定合适的纺纱工艺，保证批量生产出来的产品符合要求，只能打出小样但不能批量生产是没有意义的。

（3）快速反应。打样不能花费很长的时间，要能快捷送样和确定批量生产工艺，因为色纺生产要求有抢速度、抢订单的能力。这源于激烈的市场竞争需求，色纺纱主要用途是针织服饰，设计师通过服饰领、袖等局部彩色变换或整体改变来满足人们追新逐异的时尚需求，时装因时因地因季而千变万化，这就决定了色纺纱小品种、多批量、快交货的需求特点，不能快速反应的企业将被市场淘汰。

（4）低成本。打样不同于传统本色纺试纺方法，应避免频繁地影响正常生产，每次以耗用几十千克或几百千克的色纺原料来完成一个品种的色纺打样，这对于小品种、多批量的色纺生产会造成巨大的成本浪费，也无法满足快速反应的市场需求。色纺打样控制成本的关键是控制打样用棉量，因为色纺原料的成本比较高。其中的色纤维染色成本较高，如棉纤维的染色费约 0.8 万元/t。撕碎的精梳棉条或梳棉条作为色纺原料使用，成本高于原棉。涉及色纺打样成本的另一个关键因素是打样成功率。打样一般很难一次成功，需要多次反复才能接近来样，每次反复都意味着原料浪费，要降低成本就要减少打样反复次数，提高成功率。总之，色纺打样既要快、又要准、还要省。

2. 打样的常用方法

打样是色纺特有的核心技术，做出样品一是为了给客户送样确认、争取订单，二是企业留存，用于接单后制订大生产工艺和质量控制。送样要在约定光源下与来样的色相、明度和彩度相符。另外，打样还是产品开发之需求，色纺打样不仅要准确，还要能快速和低成本，否则企业很难获得市场订单和取得利润。打样方法有微样法、小样法和大样法等，其工艺方法、设备装置、技术要点、打样速度、出样情况等有不同的特点和适用范围，实际生产中，应依照具体情况灵活选用并合理搭配应用，以取得良好的打样效果，满足色纺纱质量要求。

（1）微样法。微样法是指用总量不足 1g 的纤维原料制作色纺小样的方法。如用万分之一光电分析天平称取 50mg 各组分纤维，其中深蓝 40%、浅蓝 20%、白棉 40%，则深蓝 50mg×40% = 20（mg），浅蓝 50mg×20% = 10（mg），白棉 50mg×40% = 20（mg）。借用原棉长度手工检测时常用的手扯整理纤维方法，将几种根据来样分析预定配比的微量纤维反复手扯（抽取重叠）。相当于理顺并混合纤维，将多色纤维混合均匀，与来样对比找出颜色差异方向，增减调整配比后再手扯理混对比。反复数次初步预测出符合来样要求的配比，这是快速预测色比的基础方法。出小样时比例应在微量手扯法基础上，原白色要加 2%~3% 比例，不同性能的纤维组分混合手扯样时，要剪断再手扯分析，组分不同，纤维长度不同，易在加捻时长纤维先扯出影响色光判断。

微样法也可采用传统的纤维长度分析仪中的纤维引伸器来实现小样棉条的制作，其工作原理如图 2-16 所示。

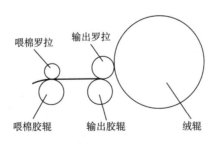

图 2-16　纤维引伸器的工作原理图

按预定配比精确称取微样原料，将微量原料手工预混、层铺喂入引伸器喂棉罗拉，棉层经过两对罗拉胶辊的牵伸后变稀变薄，经输出罗拉输出后，一层一层地缠绕并合在绒辊表面形成棉环，将其从绒辊圆周上的某处拉断并剥取展铺后就可形成一小段棉条，将棉条再次喂入引伸器第二次做成棉条，如此循环数次，在多次经一层一层地缠绕并合后可做成混色均匀的棉条，将此棉条喂入去掉绒辊的引伸器，经牵伸后输出的细棉条，手工加上适当的捻度制成粗纱条。最后喂入细纱机的某个单锭，纺成微量色纺细纱。

（2）小样法。小样法是指用总量 100～200g 的纤维原料纺纱织布的方法。相比微样法，小样法手织样的工艺过程比较接近批量生产，手工混合扯碎，并经梳棉、并条、粗纱、细纱、并线、织布等环节。手工扯混相当于清棉工序，梳棉根据普通还是点子纱分别选择梳棉车位生产，一般因手工操作，并条根据经验值并合成一定长度的熟条量，之后经粗纱、细纱纺出纱样。经一般小型针织圆机织成布样，做成 A4 纸面大小的布样，出 A、B 或 C 样，水洗布、未水洗布各 1 份用于送样和留存。因每个人的辨色方面有很大差异，一般出 3 个样品供客户选择，根据客户要求提供布片或纱筒，布片最好水洗和未水洗各 1 份，确定工艺方案，最终依据客户确认样出中样或大货。

（3）大样法。大样法俗称为做先锋样，是用总量为几十千克的纤维原料纺纱织布的方法。大样法基本等同于批量生产。对于开清棉工序，几十千克的原料也不适合抓棉机投料，色纺的做法是从开清棉流程的中途插喂，比如可从 A092 型棉箱后部喂料，向水平帘投料，再经成卷机做成棉卷。之后的梳、并、粗、细与大生产完全一样，纺成的纱线可通过针织圆机织成布。需要说明的是，虽然大样法投料为几十千克，但经梳棉或并条后，只需抽取其中的少量熟条来纺纱织布，其余的熟条要争取通过合适的方式用于之后的批量生产，这样可降低打样原料成本，大样法并非要打出大量的样品，其目的是用最接近批量生产的方式获取最接近批量生产风格的样品和相关工艺数据。

微样法、小样法、大样法三种方法各有千秋，需合理运用。微样法的特点是成本低并可快速出样。主要是用于对色，比对确认颜色，适用于常做品种和与老客户对接下单，对于非常规品种或新客户，仅运用微样法有可能是不合适的，一般说来，比对样品越小则准确性越低。小样法的特点是相比微样法用料多，工作量大一些，打样速度慢一些，但准确性要高很多，是目前应用最多的方式。小样法可建立在微样法的基础上，即先用微样法测得原料配比，再用小样法进一步调试出样，这样可节约成本和加快速度。大样法的特点是用料多，工作量大、速度慢，但准确性更高，因为样品制作过程更接近批量生产。适用于新品开发、困难品种攻关和产品工艺研究。相当于投料生产前先做试纺，所以称之为做先锋样。三种方法要根据需要灵活选用或搭配使用。对于没有经验把握的订单，可先用微样法初步判定原料配比，再用小样法进一步细调；对于有经验有把握的订单可直接选用小样法一步到位；对于色彩风格要求高、难度大的品种，投入生产前需先做先锋样。

四、生产中色纺配色与打样的原则

（1）打样调色是色纺纱生产的核心技术，而调色的基础是色纤维的建立。以此为基础进行配色工作。

（2）打样并做出样品给客户确认争取订单，同时要做好企业样品留存工作，用于接单后制订大货生产工艺和质量控制方法。

（3）在与客户约定光源下与来样对比色调、亮度、饱和度。

（4）打样要结合生产实际，不仅要准确，还要快速，降低成本，根据要求选择微样法、小样法和大样法。配色方案及上车工艺技术要点等，要切实可行，灵活选用，合理搭配，从而取得良好的打样效果，满足色纺纱质量要求。

（5）可以根据实际产量和后续定单情况调整各个色棉的合理库存，接到定单不需等待染色，且减少色纤维批差，可直接安排纺纱的生产准备，从而缩短整个生产时间，提高准时交单率。

【任务实施】

一、实施准备

工作对象：本色新疆棉纤维、黑色新疆棉纤维（染色）、本色涤纶纤维。

设备和工具：环锭纺设备1套、小型针织圆机、洗衣机、裁布机、面料样卡。

工作条件：1个标准大气压，气温22~32℃，空气湿度60%±5%。

二、来样主要参数确定

根据前期来样分析结果，客户来样主要参数见表2-2。

表2-2　客户来样纱线主要参数

项目	内容
品种	普通环锭纺
规格	14.6tex
捻向	Z捻
捻度	81.5捻/10cm
混纺比	JC/T　60/40
色纤维比例	本色新疆棉/黑色新疆棉/本色涤 40/20/40
混棉方式	纵向混棉

由于本案中本色纤维为棉和涤纶，无法在开清棉工序混合，因而采取黑棉与本色棉在开清棉工序混合，制条后与本色涤条在并条工序混合。

三、打样

根据上述配色及混棉分析，采用小样法制备客户送样。取纤维总量200g（以下质量均为干重），其中本色新疆棉80g，黑色新疆棉40g，本色涤80g。

1. 梳棉

采用梳棉小样机将80g本色涤制成定量为20g/5m的梳棉生条，均匀分成2组待用。

将本色新疆棉80g与黑色新疆棉40g手工撕扯混合，尽量做到混合均匀，采用梳棉小样机将 120g 混色棉制成定量为 20g/5m 的梳棉生条，均匀分成 3 组待用。

2. 并条

并条采用三道并条，保证将有色纤维充分均匀混合。一并工序将 2 组涤条和 3 组混色棉条进行混合，牵伸倍数取 5.5~6.0 倍。半熟条再经历二并和末并，并合根数取 6 根，牵伸倍数取 6.2~6.5 倍，最终修正熟条定量为 16.2g/5m。

3. 粗纱

粗纱工序取粗纱定量为 4.0g/10m，粗纱捻系数为 90，将熟条纺制成粗纱。

4. 细纱

取细纱干定量为 1.39g/100m，细纱捻系数为 310，纺制细纱。

5. 布样制作

采用小型针织圆机依据客户来样面料参数织制样布，做成 A4 纸面大小的布样，出 A、B 或 C 样，水洗布、未水洗布各 1 份用于送样和留存。

需要注意的是，打样过程通常不能一蹴而就，依据客户来样，工厂应快速做出反应，打样过程中，应及时发现和调整色偏。当样纱织制的样布与客户来样存在色差时，也应及时调整色纤维比例，重新进行打样，确保最终送样得到客户认可。

本案例中最终修正色纤维比例为：本色新疆棉/黑色新疆棉/本色涤 39.5/20.5/40。纱线色泽与色光符合客户来样要求。

四、整理与清洁

切断纺纱设备、针织圆机电源，将并条机、粗纱机和细纱机牵伸机构压力卸除，整理设备机台台面和地面，收集落棉、风箱花等回花归入再用棉储藏袋，剩余纱样留档存放。

【课外拓展】

（1）试比较色纺纱生产中相同混纺原料、不同混棉方式带来的纱线色彩差异，并描述其特征。

（2）试在生活中寻找 2~3 个品种的麻灰纱产品，分析其原料构成、配色方案及混棉方法。

任务四　色纺纱工艺设计与实施

【任务导入】

1929 年 4 月 26 日，梅自强出生于江苏省常州市，父亲梅国芳在本地一个中学当体育主任，全力支持子女读书。1947 年 9 月，进入南通学院纺织工程系学习；1952 年 10 月，加入中国共产党，并被选送到北京俄文专修学校留苏预备部学习；1953 年 6 月，进入天津大学纺织系进修；1954 年 9 月，前往苏联莫斯科纺织学院攻读研究生，师从苏联纺织专家亚历山大·巴甫洛维奇·拉科夫教授；1958年6月，完成研究生论文《高产量梳棉机刺辊部分气流对落棉的影响》，获得了科学技术副博士学位。7月回到中国，进入纺织工业部纺织科学研究院工作，担任工程师；1969年3月，下放到湖北安陆五七棉纺厂劳动，先后担任车间主任、党总支书记，在此期间为用好国产成套新设备积累了经验；1990年，由他牵头组织研制成功的纱线条干均匀度测试仪，获国家科技进步奖二等奖；1995年当选为中国工程院院士，是当时纺织行业为数不多的院士之一。1958~1969年，梅自强在纺织科学研究院工作，主要从事梳棉机研究，历时8年，先后研制了4个型号的高产梳棉机，其中A186型达到当时国际先进水平，成为国产梳棉机的主要机型。1964年，纺织工业部在上海成立新型棉纺织、印染、针织设备选型、设计、试制、鉴定工作组，集中全国力量研制国产成套新设备。1965年初，纺织工业部决定建设5万纱锭、1500台织机的棉纺织样板厂。为此，国产第二代A字系列棉纺新设备于1966年6月安装在研究院棉纺实验工场。梅自强受命负责棉纺新设备的一条龙生产试验，为建设三门峡会兴棉纺样板厂以及为天津和河北承担的援外工程做准备。梅自强还是尽心尽力克服困难，完成了试验任务，为这套设备积累了工艺质量、适纺品种以及维修保养管理等方面的经验，并对各纺机厂提出了一系列改进设计、提高加工制造质量的意见和建议。1975年5月，梅自强调回北京，参与组织领导轻工业部纺织工业局在全国新建棉纺厂推广安陆经验的活动，分期分批办学习班，开展棉纺生产"3850上水平"活动，帮助各地企业努力达到部定一档水平：棉纱折20英支千锭时产量38kg以上，细纱千锭时断头50根以下，棉纱一等一级品率96%以上，件纱用棉量193.5kg以下。自1978~1980年，重点帮助了约占当时全国棉纺生产能力1/3、合计556万纱锭的122个棉纺厂，提高了生产技术管理水平。为推动纺纱行业的规范化、标准化发展做出了巨大贡献。1954~2012年期间，翻译出版了《棉纺生产中细纱特性的设计》《棉与化纤纺纱工程》，主编出版了《苏联高产量梳棉机》《纺织工业"八五"科技发展战略研究》《"九五"纺织科技发展战略研究》《现代纺织大词典》《纺织辞典》等著作，为纺织行业的教育事业做出了杰出贡献。

我国纺织工业的崛起绝不是一蹴而就，也不是时运，而是一代又一代纺织精英们艰苦卓绝的奋斗，才换来如今纺织制造业全球第一的国际地位。本次任务将沿循院士的奋斗旅程，体验如何制订优秀的色纺纱工艺并组织实施。根据该订单生产计划要求，以前期打样技术资料为基础，选取合适的工艺流程和纺纱设备，制订合理的生产工艺并组织实施生产，做好生产过程调控管理，做好产品质量监测与改进，确保纺制纱线产品符合客户质量要求。

【知识准备】

一、色纺纱生产工艺要点

由于色纺纱用不同色泽与不同性能纤维原料互配混合纺纱，要想达到混合均匀、色泽鲜艳、色牢度好，且纱条粗细均匀、毛羽少、疵点少

色纺纱工艺技术

而小的要求，技术上是有难度的。

1. 主要技术难点

（1）色纺纱批量小、品种多、变化大，往往一个车间要同时生产不同混配比的多种色纺纱，翻改频繁，如果稍有疏忽，批号混杂，就会产生大面积的疵品，故对车间现场管理，尤其是分批、分色管理提出了更高的要求。

（2）同一批号即同一混配比色纺纱，在有色原料换批后要保持色泽色光一致，技术难度较大。

2. 主要技术要点

根据色纺企业多年生产实践，要保持色纺纱的质量稳定，必须从原料选配开始精心设计，优化工艺、严细管理、道道把关。

（1）**原棉染色要重视**。根据企业生产实践，目前纯棉色纺纱的线密度一般在 14.6tex（40 英支）以下，多数为 16.1tex（30 英支）左右，纺纱线密度适中。为使染色后的原棉仍保持一定弹性，并使强力损失减小，故选用原棉纤度要适中（5400~5600 公支），成熟度要好（1.6~1.8），含杂要少。纤维细度细的棉花染色后在纺纱加工中易断裂与产生棉结。同时在染料选配上既要提高染色牢度，又要使染色后纤维保持一定的弹性与摩擦系数，故在原棉染色中要加入适量的助剂与油剂。目前原棉染色有两种方法：一种是未经处理原棉先染色，另一种是原棉先经清、梳、精梳工艺处理后，采用棉条（网）染色。

（2）**混棉方法要科学**。色纺纱是用两种以上有色纤维混合纺纱，如何使一根纱线上段与段之间色泽一致，取决于混棉均匀性。目前色纺纱混棉方法大多是设立混棉工序，按配棉比例将不同成分原料排入盘中，进行混棉。而混棉之前对原料的油剂处理，已成为色纺工艺是否做好的重要环节。

有开清棉机上的棉包（棉堆）混棉与并条机上棉条混棉两种。前者习惯称立体混棉，使各种色泽纤维分布在纱线的各个部位。后者称纵向混棉，把本白棉条与有色棉条按一定混比搭配制条。目前大型色纺企业多采用立体混棉，在前道设立专门的混花工序，将各种成分原料按配比称重，排进抓棉机进行混棉。而纵向混棉因其在纱线纵向上的色彩差异产生独特的混色效果，其面料制品表面形成特殊的犹如云朵的花纹，因而被称为"云斑纱"。在纺化纤色纺纱或彩色纱时由于化纤不含杂质，各种化纤可按比例在开清棉工序用棉包和棉堆混棉方法进行。在纺涤棉混纺色纺纱时，当混用原棉比例较高时，由于棉花内含有杂质及短绒，而化纤不含杂质，故应采用清棉不同工艺处理单独成卷，在并条工序中按比例混合搭配成条。当涤棉混纺色纺纱以原棉为主体，混用少量有色化纤时，则可采用清棉工序棉包混棉方法，无须单独成卷与制条。

（3）**纺纱工艺要优化**。由于色纺纱尤其是以原棉为主体色纺纱，因棉花通过染色后纤维的强力、弹性均有一定损失，故纺纱时各道工序要按照色棉的特性来设计。同时由于色纺纱的批量较小，品种变换频繁，故清梳工序采用清梳联工艺不完全适用。目前色纺纱企业，多数采用清花与梳棉的传统纺纱工艺。同时为便于小批量多品种生产，清棉机械最好采用单头成套的组合排列。纺色纺纱时梳棉、并条、粗纱、精梳工序宜采用轻定量、慢车速、好转移的纺纱工艺，一般掌握定量，车速比纺本色纱时降低 10%~15%，以减少棉结短绒产生。同时为了控制成纱重量 CV% 与重量偏差、改善色差，在并条工序对梳棉条子要先通过预并工艺改善条子结构，再按一定混配比例进行 1~2 道混并。在络筒工序要适当降低络纱速度，控制毛羽增长率。

（4）回料使用要控制。由于色纺纱混用原料性能不同，混配比例不一，故纺纱中产生的回料，如回卷、回条、回花等，其性能差异较大，为确保色纺纱的质量稳定与色比正确，在一般情况下除本品种回花外，要求不得掺用纺纱中的回料，但如果纺纱规格与混配在比较长时期稳定，也可掺用部分回料，同时须严格加以控制。一般做法是：为减少原料浪费，待回料积存到一定数量后，采用一次性专纺纱来消化回料。故纺色纺纱的原料消耗定额要高于本白纱。一般纺纯棉精梳色纺纱，原棉消耗定额为 1.37~1.4t/t 纱，纺普梳纯棉色纺纱或 T/C、C.V.C 色纺纱时，原料消耗定额在 1.12t/t 纱左右，纺纯化纤纱时，吨纱消耗定额约为 1.05t/t 纱，其纺纱原料成本要高于常规纱。

二、色纺纱生产组织与管理

色纺纱的生产特点是品种多、批量少，混纺成分复杂，功能性纤维纺制难度大，特殊工艺方法（点子纱、段彩纱等）不易把控。色纺比较特别之处在于，色偏、色差、色结、色档、色牢度、异色纤等这些色的概念始终贯穿于色纺过程。这就使色纺比坯纱的生产组织，难度系数更大。

色纺纱生产
组织与管理

1. 色料混合

色纺原料混合，是为了解决色差、改善可纺性，精准配比的需要。色纺厂必须配备混花工序，配置圆盘抓包机，自动打包机，以及充裕的场地。

（1）解决色差。色纺纱的唛头一般较多，为调色的需要，部分唛头所占成分比例往往较少，必须加一道混棉工序，才能充分混合各种成分，均匀混配，防止色差。

人工混棉：适合几十千克至几百千克小批量品种，根据配棉比例，分别单个称料，手工撕匀，然后在场地上充分搅拌、混合、打包、称重、标识，然后投入清花车间生产。

机械混棉：适合于大批量生产品种。根据配棉比例，分别单个称料，运至混花圆盘，根据排包图，从里盘到外盘有序堆码，多点分布，压匀压平。棉块经抓棉刀片抓取后，通过棉箱混合，经管道输送到自动打包机，打包称重、标识，然后投入清花车间生产。

大小混结合：适合于染色棉占很小比例的品种。先取比例最大的一种本色或染色原料和比例最小的一种（或几种）进行部分混合打包，然后将此混合棉再与其他成分原料进行二次排色复混。这种方法，可以有效弥补混合不匀。

（2）改善可纺性。色纺纱中，多组分原料混纺的品种越来越多，也是发展趋势。因为色纺解决了不同性质纤维不能同时套染的难题，可以充分混搭多组分纤维，开发新的流行品种。

部分多组分纤维纺纱，必须考虑解决静电问题，以减少在刺辊、锡林、道夫等分梳元件和皮辊、罗拉等牵伸部件缠绕现象。喷洒相应的助剂，成为开清棉工序的常规工作。助剂的配置及喷洒工艺如下。

配制比例：抗静电剂、和毛油等，与水勾兑比例，须根据不同纤维特性、回潮以及以往经验综合而定。如尼龙、PTT、腈纶，莫代尔纤维等，抗静电和水一般按1∶10勾兑，羊毛纤维和尼龙必须单独打和毛油闷置。

喷洒比例：指勾兑的混合液与原料的喷洒比例，一般也是1∶10左右，即10kg乳化液喷洒100kg原料。生产实际中，要结合原料含水，天气温湿度状况等。

闷置时间：一般24h，羊毛纤维、尼龙等最好用塑料布遮盖。腈纶一般直接按比例从表层向内灌喷，存放24h。

大多数色纺企业，采取因地制宜方法。如在混花工序抓棉机圆盘上装水桶喷淋，或在抓棉小车配电箱下装自动喷雾器，抓棉小车边运转，边喷洒。混合棉经打包机打包，放置一段时间，进清花工序抓棉机圆盘装箱生产。

2. 色偏防范

色偏，是色纺纱最低级的质量问题。色纺纱是由多种颜色原料组合而成，而且同一种颜色的原料又有深中浅和色光不同之分。如蓝色系列有浅蓝、中蓝、深蓝，黑色系列有红光黑、青光黑等。为使生产的色纺纱和客户来样的色泽与色光一致，必须在投料前做好调色和配色的准备工作，先打小样对色，织成布样后在标准灯箱或客户指定光源下对准色泽、色光。如果客户来的是纱样、线样，最好直接织到一块布面上校对更准确。确认符合客户来样要求，方可投入批量生产。控制和减少色纺纱的色偏，提高对色的准确性，提高大货样和小样之间，大货和中样之间的符合率，是保证色纺纱质量的关键一步。

（1）产生色偏的因素如下。

①打样方面。

a. 对色所打样的纱线，与客户来样或色卡的纱支、捻度不一致。因为纱线越细，捻度越大，颜色越深；纱线越粗，颜色越浅，色光也会有变化。

b. 对色使用的光源不符合要求。一般来说，常用的对色光源有：晴天自然北光，D65、TL84、CWF灯，纱线在不同的光源下会产生不同的色光，而导致色偏。因此一定要以客户指定的光源为准。

c. 打确认样时，没弄清楚客户来样是否有特殊的整理、纤维染色的染料是否被指定等，直接对照来样打，即使和对照样没差别，但客户经过使用处理后可能会产生色偏。

d. 打手指样风格与客户来样风格不一。如客户来样是AB纱，打成了云斑纱，来样是云斑纱，打成了段彩纱。这些容易混淆方案的品种，打小样不容易看出差别，但一旦纺成大货就会有问题。

②原料方面。

a. 染色原棉性质差异大。性质差异大的原棉经过染色后出现纤维染色不匀，缸差大，色牢度不好，色棉一致性差。纺制过程中产生颜色深浅不一，色光不稳定。

b. 原料产地不同。接批的染色原棉或化纤产地有变动，由于所用原料产地的变化，形成了色光差异。

c. 所用各种比例的原料回潮差异过大。小的回潮率特别是色棉在7.0%左右，大的特别是漂白、增白棉大多在11%以上，有的甚至达到17%~18%，回潮差异如此大，如果原料仍按一样的回潮率算比例重量进行混花纺纱，成纱势必会出现色偏筒纱。

③纺纱过程方面。

a. 投料、混花前色棉或白棉用错缸号或批次，产生大面积的色差。

b. 回花管理不规范，标识不清楚，用错回花或是回花混杂。

c. 生产同一个品种安排多种机型。因没有固定在同一种机型上，台与台之间梳棉的落棉差异、粗细纱的捻度不匀差异，重量不匀差异等都会引起色光偏差。

d. 混花不匀产生深浅不一的色偏。对于比例小于10%成分的原料没经过预混合，直接混花装箱生产。操作工装箱排包不认真，不按配棉图装箱而产生的混花不匀等，均会在后道产生色差。

（2）预防色偏的方法如下。

①要选择性质和产地、品种差异较小的原棉，经过染色后纤维上色情况差异小，同时色棉不能有色花，色牢度要达标。

②加强使用色棉的管理。色棉入库要有清楚准确的标识，出库要有专人负责，摆放到车间指定的地方，外包装要完好，标识清楚，并做好与使用人员的交接。未用完的色棉仍然要包好包装，保证标识清楚，以便不影响再使用。

③要保证色比不发生变化。根据原料的实测回潮率，使用干重混纺比，使大货生产与小样的色泽色光一致。打样和配料都要统一。

④做好原料对色对光。染厂原料进厂使用前，要与送染的小样对准每一包的色光，以防用错原料。对同一批次色棉有缸差的，一定要分缸号对应使用或者混匀搭配使用。在纺品种接批使用的，染色棉与前批有颜色色光差异的要控制使用。

⑤备料要齐全。投料对色前，要确保需要的原料备齐，方可投料对色，防止生产过程中因个别原料换批而影响色光。

⑥在对色上要有专人负责，并且要统一目光。要充分考虑打样车台与大货生产车台之间存在的差异，掌握对色的技巧。注意打小样和大货之间，实际操作与客户要求之间的一致性，防止大货和客户确认样调整幅度大而产生色偏。

⑦生产大货的对色。投料前首先要确认打样原料与大货生产所用原料是否一致，如有

不同应重新打样出新的配比，确保与客户确认样一致，才可以投入产前样对色。产前样对好后，生产第一箱要作并条前的大货织布样对色，确认无差异再签字给车间生产。

⑧批量生产品种每天要抽大货织布对色，要保证接批的颜色受控。多次下单接批生产的品种，客户中途没提出异议的，均以客户第一次确认样为准。每一次再纺都要和第一次确认样织在同一块布面上对色。要防止累计色偏的出现。

⑨投料生产第一箱时要预留一个对色棉卷，严格按混花的顺序装箱生产。并要与第一箱对比，以防出现色差，便于及时发现问题。

⑩投料生产检查把关。投料时要检查配棉单贴样是否正确齐全，检查备用原料与贴样是否一致，检查对色是否有签字手续，检查配比和重量是否准确无误，检查使用的称量器具是否精准，不能产生误差。投料混花负责人要认真记录每个品种的每一笔重量，混好花后再复称总重，核准投料量的准确性。

（3）色偏的后续处理。如果是纺到粗纱发现的色偏，如定量适宜，不一定要划掉，可另纺色度相反的粗纱，在细纱 AB 纱装置上纺，中和色偏。问题是，对此拿捏分寸要准，否则，损失更大。还要看客户是否认可纱的风格。

如果是并线品种，色偏发现得早，在精确计算两股纱纺制数量的基础上，重新投料纺制与先前色度相反的另一股，在并线时中和色偏，这种弥补的方法时常被采用。

对程度不严重的色偏，可与后道客户协商充分沟通，看在水洗环节是否有调色的可行性。

特别注意的是，一般清花头一箱的前几个卷和箱底的最后几个卷都会有色偏的状况，为了减少回卷，减少纤维在二次装箱中，或在 A035 处混入时所受的重复打击，要对色偏棉卷做好标识，巧妙地在梳棉、并条上有序地搭配使用。

3. 色结控制

色纺纱中染色纤维含量在 30% 及以上时，明显色结是指染色的大棉结和本色棉结。染色纤维含量在 30% 以下时，明显色结是指本色的大棉结和深色的棉结。明显色结中的大棉结是指粗度达到原纱 2.5 倍的色结。若染色纤维含量或本色纤维含量在 15% 以下时，其本色纤维染色束纤维缠于纱上的，因颜色比较显现，都作为明显色结。色纱上明显色结易暴露于纱线表面，布面上特别显眼，在后整理难以去除和覆盖。因此，要纺好色纺纱，控制好纱线的棉结和籽粒很重要。

（1）白点控制。通过对筒纱线外观质量检查和布面的情况看，在黑色、深色号的色纺纱中，本色棉结特别容易显现，也就是白点明显。

配棉时白棉使用比例少于 15% 的，要使用白棉条，特殊的藏青、麻兰系列的品种要用精条。凡色棉比例占 80% 以上的深色号品种当中要用漂白棉的一律要用漂白精条，纺出的成纱才能控制白点个数。因此，要严格控制染厂色棉开松索丝，棉结状况。

禁止出现索丝棉卷。清花的开松要好，棉卷中的束丝要少。

梳棉设备的状况直接影响棉结的多少。梳棉车台各部分隔距要准；对锡林、道夫、盖板的针布情况要严格检查，未达到质量要求的针布要及时更换。

梳棉机采用加装锡林固定分梳板，以增强分梳效果，减少棉结杂质，减小棉结颗粒的体积，使色纱中的白点在布面上不容易显现。

无特殊情况，批量品种原则上并条一律不用三并，否则会增加棉结。

（2）色点控制。染色原棉应选择成熟度好，细度适中，短绒含量低，品级高的原棉进行染色。

配棉时抢色的色棉要使用棉条或精条，使色结控制在正常标准范围内。

在染色过程中棉纤维要经过蒸、煮、加热等处理，使纤维的物理性能有所改变，但会降低纤维的可纺性。染厂需要根据情况予以抗静电剂、渗透剂等处理后，以提高纤维在后加工过程中的可纺性能；如果处理不当，染色棉在后道工序中易起静电，导致纺纱工作困难，而且生产出来的纱线质量也较差；因此要注意选择染色水平高的染厂。

彩色化纤质量要把关。疵点含量要低，粉尘要少，含油率要适当；如果含油率低，容易使纤维产生静电，此时应喷洒抗静电剂闷 24h 后使用。

色棉回潮率要适当。回潮率过大，容易使纤维产生色结；回潮率过小时，容易产生静电，降低纺纱质量。

合理的工艺选择。由于色棉经过了染色烘干等处理工序，使纤维成束状或者块状。

①清花工序要遵循多松少打的工艺原则，以减少纤维的损伤并提高除杂效率。化纤要合理设计打手速度，防止产生索丝。

②加装锡林固定分梳板，使用加密型盖板针布，增强分梳效果；放大前上罩板与锡林之间的上口隔距，多出斩刀花；调小小漏底的进口隔距，增加落杂。

③合理使用回花。对本支回花，清花的卷头、卷尾，梳棉条，并条的半熟条、熟条，可在一定比例内混用。粗纱头、细纱吸风花等要根据色结数量控制使用，以控制色结的增加。

（3）色结的后续处理。深中色号的布面上出现白点，是影响布面外观的大问题。若超出后道客户的承受范围，必须进行修布处理。现在已有专门的修色修布公司，能对布匹色结进行挑、刮、涂、整等操作，有效减少色结量。

4. 异色纤防范

新成立的色纺企业，初期就会有很好的隔离防飘设计。而一般由坯纱转型为色纺的企业，由于机台排列和现有环境限制，对异色纤的防范管理具有一定的难度，特别是纺制彩、漂、艳品种，在纺制过程中稍有疏忽或管理不到位，将造成严重后果。通过跟踪分析客户反馈问题，认为异色纤 80% 以上发生在前纺，且前纺造成的异色纤经细纱加捻后，会在布面上形成无法通过挑毛处理的异色纤，大部分要经过剔片处理，严重时甚至会导致退货重纺，会给企业带来巨大损失。因此在实际生产中，对前后道防异色纤的管控至关重要。

（1）规划好防异色纤等级关。投料生产之前要预先考虑防异色纤的类别，针对不同品种防异色纤可分为三类：

①亮艳品种（橙、黄、粉红）。从清花至槽筒要进行封闭式隔离，确保从前至后所有工序都要进行揩车，同时上空管道做彻底清洁，并关掉所有吹吸风。

②增白、漂白、本色类品种。所有原料都要进行遮盖，粗纱套袋，运输车辆、落纱箱、条桶、机台做彻底清洁。

③浅色号麻灰品种。按常规色纺纱生产要求，做好各道清洁。

（2）控制好原料关。对进厂原棉要进行异色纤检验，防止塑料丝超标。对所有进厂染色棉，除打样室确认颜色外，还要对色棉进行检查，查看异色纤情况，特别是彩色品种，要逐包检查。在投料时称花工对每一种原料都要认真把关，发现有异色纤要及时反馈，严重的予以退货。要求从源头开始把控。

染厂从染色过程到包装要防止异纤混入。

投料使用时要严格把关，及时检查并发现有异色纤的原料。

混花、色棉的包装不可用塑料编织袋，防止因塑料包装而产生异纤。

（3）把好清洁关。在清花中，综合检查打手、轴头、圆盘、凝棉器、角钉帘、尘棒、尘笼、梳针板、棉箱内各处挂花。用白斩刀清理车肚，必要时再用白棉清理车肚，确保成卷后无异色纤。全色品种可用本品种纺棉条的斩刀清理车肚，以减少异色的混入。对输棉管道一定要定期清理，防止管道内积花带到棉卷中形成异色纤。

梳棉：关车做大小漏底、龙头、上下刮刀片、伸头板、三角区、刺辊、道夫、吸风口及周围清洁。接替品种颜色不是一个系列，需使用本品种的斩刀或棉花清理车肚。

并条：做好导条架、牵伸区及通道圈条盘内的清洁。

粗纱：做好牵伸部件、上下绒板、上下龙筋清洁，必要时揩车做大清洁。

细纱：粗纱架、吊锭、上下皮辊、皮圈、张力架绕花、车面、龙筋、锭脚、线盘等都要做彻底清洁。

槽筒：通道、车顶板、龙筋、油箱及周围清洁。

容器的清洁：换不同颜色的品种，如原生产线纺藏青的品种改纺粉红品种，要做清棉条桶、粗纱管、纱包、塑料筐等清洁。

（4）调度好区域关。为防止异色飞花，生产的品种和车台合理安排很重要。颜色相近的品种清花要相对集中并连续投料，梳、并、粗、细、筒子尽量放在同一区域，少用隔布。使用隔布要规范化，方便操作。尤其是注意机台上空的隔断，防止空气流动，飘花产生异色纤。而一般企业仅局限于在机台之间拉一道隔布，效果往往不够理想。

（5）生产过程的防范与隔离。做好生产过程的隔离和防范是有效防范异色纤的主要方法。

清花：棉卷要用包卷布包好，确保包卷布清洁且不能有损坏。

梳棉：生条要用塑料筒套套好，防止飞花飘落到棉条上。

并条：相邻车台颜色差异大的要用隔布，落下来的熟条也要用筒套套好。

粗纱：所有落下来的粗纱都要做清管脚清洁，并入袋包好。

细纱：管纱要及时运到管纱库。用塑料筐堆码时，筐与筐之间要加纸板，防止筐底混入异色飞花。用落纱袋时，要查清袋子内壁是否有异色飞花黏附，封好袋口堆放到指定区域隔离。

络筒、并线：络筒并线工序易产生异色飞毛，要求对邻近车位尽量做同一个品种，或是颜色相近的品种。络筒后，要做好筒子表面的清洁，包好塑料袋，送至成包房及时成包。

明确责任，做好奖惩。运转班值班长对每一个换品种机台都要认真做好检查，质量员验收合格后方可开车。特殊品种，尽量安排在早班投料，便于检查。各道机台清洁工作，由车间主任要做好督促检查，对检查不到位，出现后道反馈，需车间主体承担责任，挡车工清洁工作不彻底的，要落实经济责任制处罚。

色纺纱异色纤防范要从多方面进行考虑，各个流程都要防范异色飞花。最好的防异色纤的方法是在厂房设计、机械排列布局时就采取隔离的措施，采用上送下排空调系统，使车间空气流通有序。

异色纤防范是个系统工程，可通过多种形式采取措施：单机台隔离（半精纺）、区域隔离、适度加湿减少飞花、吸风外排。最基本的要求是要做好分品种隔离。

【任务实施】

一、工艺流程及设备选型

根据纱线工艺需求及企业现有设备情况，确定麻灰纱工艺流程及主要设备选型如图2-17所示。

混棉 → 开清棉 FA141 → 梳棉 FA201 → 一并 FA306 → 二并 FA306 → 三并 FA306 → 粗纱 TJFA458A → 细纱 FA506 → 络筒 N21C

图2-17　麻灰纱工艺流程及主要设备选型

二、主要纺纱工艺制定

1. 开清棉

由于染色工艺不同，纤维内部结构已发生一定变化，表现出与本色纤维不同的物理化学性质，其内部、外观性质与本色纤维有一定差别，尤其是在强力低、疵点多方面，在纺纱过程中易脆断。因此，开清棉工序应注意少打击、多梳理的要点，同时确保适当的棉卷定量和紧密度是成卷质量的关键。抓棉工序中，黑白两种纤维棉包交叉排包，压平压实，以便充分混合。开清棉工艺单见表2-3。

表 2-3 开清棉工艺单

开清棉 工艺流程	FA002 圆盘抓棉机→FA022-6 多仓混棉机→FA106A 梳针滚筒开棉机→A062 电器配棉器→ FA046A 振动给棉箱→FA141 单打手成卷机			
机械名称	工艺参数			
FA002 圆盘抓棉机	抓棉打手转速/ (r/min)	抓棉小车速度/ (r/min)	打手刀片伸出 肋条距离/mm	抓棉打手间歇 下降动程/mm
	900	0.8	2.5	2
FA022-6 多仓混棉机	开棉打手转速/ (r/min)	给棉罗拉转速/ (r/min)	输棉风机转速/ (r/min)	换仓压力/Pa
	330	0.2	1400	230

FA106A 梳针滚筒开棉机	打手速度/ (r/min)	给棉罗拉转 速/(r/min)	打手与给棉罗 拉间的隔距/mm	打手与尘棒间 的隔距/mm	尘棒与尘棒间 的隔距/mm	打手与剥棉刀间 的隔距/mm
	480	45	11	14/18.5	11/反/反	1.6

FA046A 振动给棉箱	角钉帘与均棉罗拉间的隔距/mm
	30

FA141 单打手成卷机	棉卷定量/(g/m)		实际回 潮率/%	棉卷长度/m		棉卷伸 长率/%	棉卷净重/kg		线密度/ tex	机械牵 伸倍数
	湿定量	干定量		计算	实际		湿定量	干定量		
	410.4	380	8.0	44.71	45.96	2.8	18.86	17.46	412300	3.124
	打手速度/ (r/min)	打手与天平曲杆工作面间的隔距/mm				打手与尘棒间的 隔距/mm		尘棒与尘棒间 的隔距/mm		
	1001.7	8.5				8/18		8		

2. 梳棉

染色纤维由于在染色加工过程中性能受损，使纤维间缠绕形成结点。尤其在道夫、锡林上，常有棉结硬块黏在针齿间，造成纤维分梳、转移差，棉结增多。为了解决此问题，工艺上加宽除尘刀宽度、使用平刀、选用 85℃ 工艺，小漏底使用棉型半网眼漏底，以便多落一些并丝、硬块的大杂；适当缩小锡林至盖板隔距，放大前上罩板至锡林间的隔距，多出一些盖板花，使细小杂质在此较多排出；并要求检修人员每天用钢丝刷、钩刀清理锡林、道夫上的并丝和硬块；试验工每天查看生条棉结，确保生条棉结数量控制在每克 6 粒以下。梳棉工艺单见表 2-4。

表 2-4 梳棉工艺单

机型	生条定量/(g/5m)		回潮 率/%	线密度/ tex	总牵伸倍数		棉网张 力牵伸	刺辊转速/ (r/min)	锡林转速/ (r/min)	盖板速度/ (mm/min)	道夫转速/ (r/min)
	干定量	湿定量			机械	实际					
FA201	19.77	20.96	6	4290.09	93.29	96.09	1.29	931.05	359.02	140.41	20

续表

刺辊与周围机件隔距/mm					
给棉板	第一除尘刀	第二除尘刀	第一分梳板	第二分梳板	锡林
0.23	0.3	0.3	0.5	0.5	0.15

锡林与周围机件隔距/mm							
活动盖板	后固定盖板	前固定盖板	大漏底	后罩板	前上罩板	前下罩板	道夫
0.19/0.16/0.16/0.16/0.18	0.45/0.4/0.3	0.2/0.2/0.2/0.2	6.4/1.58/0.78	0.48/0.56	0.79/1.08	0.79/0.55	0.1

齿轮的齿数				
Z_1	Z_2	Z_3	Z_4	Z_5
17	19	28	26	34

3. 并条

为了确保纤维混色均匀，无色差，采用三道并条混合工艺，使条子色泽稳定、均匀。此外，还需要加强并条自停装置的维护保养，确保光电的灵敏度，从而防止因断条不停造成色泽不稳定及细条的产生；同时，要加强挡车工责任心教育，做好条子的定位工作。并条工艺单见表2-5。

表2-5　并条工艺单

机型	预并条定量/(g/5m)		实际回潮率/%	总牵伸倍数		线密度/tex	并合数	牵伸倍数分配				前罗拉速度/(m/min)
	干重	湿重		机械	实际			紧压罗拉~前罗拉	前罗拉~中罗拉	中罗拉~后罗拉	后罗拉~导条罗拉	
FA306一并	19.14	19.86	3.76	8.87	8.69	4029.35	8	1.0175	5.86	1.43	1.04	212
FA306二并	17.89	18.56	3.76	6.55	6.42	3766.20	6	1.0175	4.60	1.37	1.04	212
FA306三并	16.20	16.81	3.76	6.76	6.63	3410.42	6	1.0175	4.60	1.36	1.06	212

罗拉握持距/mm		罗拉加压/N	罗拉直径/mm	喇叭头孔径/mm	压力棒调节环直径/mm
前~中	中~后	导条×前×中×后×压力棒	前×中×后		
48	52	118×362×392×362×58.8	45×35×35	2.8	15
48	52	118×362×392×362×58.8	45×35×35	2.8	15
48	52	118×362×392×362×58.8	45×35×35	2.6	15

齿轮齿数						
Z_1	Z_2	Z_3	Z_4	Z_5	Z_6	Z_8
46	52	26	124	51	63	50
52	46	27	124	65	63	49
52	46	27	125	65	63	51

4. 粗纱

由于色纤维经染色后强力低,抱合差,因此粗纱捻度比常规纱要略有增加,以提高条子的光洁度,降低其在细纱工序退绕时由于张力过大而造成纤维滑脱、断头的现象。因色纤维易脆断,粉尘、短绒多,且其原料易腐蚀锭翼内壁,造成有锈斑容易挂花,操作上要求挡车工每落纱增加一次清拿锭翼花衣的工作,部保时要求检修工将每个锭翼内壁拉光、拉滑;此外纺颜色较深的麻灰纱时,为便于挡车工操作,要在机架相关部位喷上淡色漆,以便检查断头和进行清洁工作。粗纱工艺单见表2-6。

表2-6 粗纱工艺单

机型	粗纱定量/(g/10m)		实际回潮率/%	总牵伸倍数		后区牵伸倍数	线密度/tex	捻度(捻/10cm)	捻系数	罗拉握持距/mm		
	干重	湿重		机械	实际					前~二	二~三	三~后
TJFA458A	4.0	4.15	3.76	8.25	8.09	1.356	421.04	3.10	63.69	39	60	59

罗拉加压/(10N/双锭)		罗拉直径/mm		轴向卷绕密度/(圈/10cm)	径向卷绕密度/(层/10cm)	转速/(r/min)		
前×二×三×后		前×二×三×后				前罗拉转速	锭翼转速	
14×24×20×20		28×28×25×28		48.2	244.1	320.63	852.05	

集合器口径(宽×高)/(mm×mm)			钳口隔距/mm	齿轮齿数												
前区	后区	喂入		Z_1	Z_2	Z_3	Z_4	Z_5	Z_6	Z_7	Z_8	Z_9	Z_{10}	Z_{11}	Z_{12}	Z_{14}
6×4	6×3.5	6×4	4.0	82	91	60	41	40	79	41	36	22	45	26	37	22

5. 细纱

合理选配钢领、钢丝圈,缩短导纱钩的更换周期,以降低成纱的毛羽;为便于挡车工操作,应在机架相关部位喷上淡色漆,以便查断头和进行清洁工作。细纱工艺单见表2-7。

表2-7 细纱工艺单

机型	细纱定量/(g/100m)		实际回潮率/%	公定回潮率/%	总牵伸倍数		后区牵伸倍数	线密度/tex	捻度(捻/10cm)	捻系数	捻向
	干重	湿重			机械	实际					
FA506	1.39	1.44	3.76	5.26	31.28	28.78	1.14	14.6	82.83	316.49	Z

罗拉中心距/mm		罗拉加压/(10N/双锭)	罗拉直径/mm	钢领		钢丝圈		转速/(r/min)	
前~中	中~后	前×中×后	前×中×后	型号	直径/mm	型号	号数	前罗拉	锭速
46	63	16×12×16	25×25×25	PG1/2	38	2.6Elf	10/0	241.90	15739

前区集合器口径/mm	钳口隔距/mm	卷绕圈距/mm	钢领板级升距/mm	齿轮齿数													
				Z_A	Z_B	Z_C	Z_D	Z_E	Z_F	Z_G	Z_H	Z_J	Z_K	Z_M	Z_N	Z_n	n
2.0	2.8	0.61	0.3142	52	68	85	80	36	58	64	48	59	83	69	28	70	2

三、生产管理

因色纺纱大多是小批量、多品种生产，管理难度大，为此要着重做好以下几项工作：

（1）有条件的工厂可设置台与台隔断分离，无条件的工厂要隔离小车间纺纱，确保密封效果要好，以防浅色的纤维与深色的纤维互相混杂影响成纱质量。

（2）固定使用专用容器和运输路线，注意进出人员和车辆及物品的清洁管理，防止色纤被带出。

（3）品种翻改时要注意容器、机台的清洁工作，各机台绒布要更换并清洗。

四、质量控制

色纺纱订单纱线生产中，每道工序的半制品都须进行对色，一旦发现与客户来样存在色偏或色差，应立即进行补救。麻灰纱生产中，原料选择是基础，工艺流程配置是关键，控制黑、白疵点是难点。当成纱中黑色纤维占60%以上，成纱基本呈黑色，白色的棉结、小粗节是影响外观的主要因素；当黑色纤维占30%以下，黑色的棉结、小粗节是影响外观的主要因素；当黑色纤维占45%左右时，黑、白疵点都显得突出。为此应着重抓好原料的质量把关和梳棉生条的疵点控制，并认真做好回花回条的管理工作。

【课外拓展】

（1）客户来样一款针织麻灰云斑纱，经分析，其色纤维比例为黑涤/本色涤/本色棉30/20/50，试制定合适的纺纱工艺流程。

（2）试分析深色麻灰纱与浅色麻灰纱在工艺上有哪些不同。

任务五　色纺纱性能测试与工艺分析

【任务导入】

GB/T 398—1993《棉本色纱线》是我国较早颁发的国家纱线质量标准，随着纺纱行业技术普遍提升，分别于2008年和2018年进行了修订。纱线市场的流通过程中，产品质量标准是产品品质的重要和权威保障，是生产和交易过程中诚信经营的重要依据。国家标准的制定过程通常是非常复杂的，需要在全国范围内邀请领域内的精英或专家共同参与制定，以保障在全国范围内的平稳通行。在新型纱线产品充斥市场的今天，有些新产品的生命周期较短，没有经受市场考验，而有些新产品可能具有较长的生命周期，因此产品标准的制定一般难以适应市场的变化和需求。纺纱企业在进行新产品开发过程中，一般首先制定执行企业标准，当同类产品具有一定市场份额时，可联合主要的大型企业、检测公司、行业协会等开发地方标准或行业标准，当同类产品已存在市场多年，并保持良好发展态势，相应的国家标准才有机会出台。当某一款新产品没有确切的质量标准执行时，相关企业可以经与客户确认沟通，暂时以某项较为接近的标准作为参考标准。

纱线从车间出厂前，一般要经历2~3次标准化的检验，分别是纱线生产企业检验、第三方检测公司检验和客户检验，全面分析纱线各方面的性能指标，并出具专业的检测报告。测试和检验工作责任重大，需要一丝不苟地遵照相关标准执行操作。下面可对照客户订单对于此款针织麻灰纱成品的质量要求，执行 FZ/T 12016—2021《棉与涤纶混纺色纺纱》标准，按照标准要求进行纱线成品的质量测试，并出具正式的质量报告。

【知识准备】

色纺因为其特殊性，工艺设计兼顾因素多，检验试验项目多，工作量大且要求繁杂，对工艺和品管人员是个挑战。此外，色纺纱品种繁多，很大一部分色纺纱品种缺乏统一的质量标准。对于有质量标准的色纺纱品种，纱线性能测试只需按照标准执行；对于缺乏质量标准的纱线品种，其质量要求一般可由客户提出。与常规纱线相比，色纺纱成品测试除常规纱线性能测试项目外，还应包括客户要求的其他测试项目，如织布试验、色牢度试验、色差试验与色结试验等。

色纺纱样品测试

一、织布试验

色纺企业一般都配备专门的织布小样机，方便纱样制成成片织物，进行对色和检验。小样机多为袜机、针织圆机和横机。布样的工艺参数应与客户来样基本一致，以保证布面风格一致。布样织制的目的包括：①方便对色。检验是否存在色偏。②检验纱线品质。包括纱疵、条干、粗细节、布面破洞、布面横路、色结等情况。

二、色牢度试验

色牢度试验一般针对送染厂染色的色纤维开展的。染色原料回厂后，第一步要测试回潮率，结算公定重量。第二步就是要抽检色纤维色牢度。

纺厂一般不出具专业的色牢度检测报告，而是采用简易的耐皂洗色牢度试验来判定纤维的染色效果。常用的耐皂洗色牢度试验如下：烧杯中加入100mL冷水，随后称取2000mg试样放入烧杯中，再加100mg洗衣粉搅拌均匀至溶解，放在电炉上煮至90℃，搅拌试样使之充分浸润，然后取出试样，观察烧杯中液体颜色，并对照样卡对比评级。

客户无特殊要求时，普通品种达到3.5级以上即可，宝蓝、艳蓝达到3级以上即可。客户有特别要求的，要提高色牢度等级。未达到色牢度等级要求的，应该退货给染厂。

三、色差试验

色差试验贯穿纺纱过程始终，主要包括染色原料、先锋样和成品纱三步试验。

1. 染色原料的色差检验

染色原料从染厂返回后，应对照留存标样进行逐包抽检，发现批差严重时可以进行预混合，以中和色差。对于不同批次的原液着色纤维也要逐包检验，排除色差隐患。

2. 先锋样的色差检验

生产先锋样时，投第一仓原料，快速完成成卷、制条、纺粗细纱工序，并快速将纱线样品织成袜片或横机布片与标准样对色。如产生色差，应立即调整色纤比例。

3. 成品纱的色差检验

对于批量大的品种，质检员每天需在固定时间前往打包区检验筒纱有无色差。

四、色结试验

明显色结，是由染色或本色未成熟棉或僵棉因轧花或纺纱过程中处理不当集结而成的、颜色显现的棉结。色纺纱在纺纱多道流程中均易产生色结，如在原料染色阶段，纤维经煮、漂，表面的棉蜡和天然卷曲受损，染色过程中圆盘抓取，烘干开松等环节都易增加棉结。在预混合阶段，经抓棉机抓取打击，又一次增加棉结和索丝。在清梳阶段，多组分性质差异大的原料，混合后排包进仓、成卷、梳棉，由于混合棉不是分开成卷、制条，只能采用中性工艺，这就使得生产过程对结杂的控制难度加大，纤维无法得到充分开松和除杂。这些因素的存在，使色纺纱结杂的检验尤为重要。

色结试验包括生条色结试验和成纱色结试验，其中生条棉结试验有手拣和机检两种方法。色纺纱中深色纤维含量在 30% 及以上时，明显色结是指本色棉结和深色大棉结，其中明显色结中的大棉结是指粗度达到原纱 2.5 倍的色结；色纺纱中的深色纤维含量在 30% 以下时，明显色结是指本色的大棉结和深色棉结。如色结严重超标，布面效果差，需进行修布处理。

五、大货常见质量问题

1. 风格走样

风格走样是最严重的质量问题。如点子纱风格走样表现为点子密度（稀密）和标样不一，点子颗粒（大小）和标样不一；段彩纱风格走样则是段彩纱容易出现规节，拖尾等问题，布面上饰纱分布不均匀，有的集中在一起，有的空白较多，另外饰纱断的不彻底、不清晰，也会影响到段彩风格和布面美观等。对于特殊品种纱线，一定要做到防患于未然，做好充足的工艺准备工作和生产过程控制，及时发现并处理质量问题，避免出现不可挽回的局面。

2. 颜色偏差

颜色偏差是最常见质量问题。大货和标样在色光、色泽上有偏差。由于大货生产与小样及先锋试样的生产存在显著差别，配色人员要具备丰富的生产经验，对大货配色方案作出合适的调整。色花色圈也是极易发生的问题，要注意前后批每一仓称料成分、重量的准确，注意混花的均匀性和回花的合理使用。

3. 布面破洞

生产过程中，各种偶发性纱疵，尤其是粗节、细节会形成布面破洞，使得织造难以进行。此外，纱线毛羽多、纱线发毛、飞花集聚造成针眼堵塞也会形成针织面料的布面破洞。另外，筒纱的回丝夹入小辫子、杂物夹入、捻结不良、织造过程回潮率过低、筒子成型不良导致不能顺利退绕等都会形成布面破洞。

4. 横路

横路俗称横档，主要由织造不良或原料纱线品质问题引起。其中，织造不良主要指纱线张力偏差、密度不匀等；原料纱线品质问题主要由纱线线密度差异大、错支错批、捻向捻度差异大、纤维原料差异、色纺纱混色不匀、挡车工非标准化操作等原因造成。针织物横条是较难防范的质量难题。

5. 水洗褪色

水洗褪色一般在蓝色系列织物上经常发生。特别是夹色布，即蓝色纱线和素色纱线交织的织物，在水洗时，蓝色、丈青等色会沾污素色。

【任务实施】

对照 FZ/T 12016—2021《涤与棉混纺色纺纱》质量标准要求，组织实施来样 JC/T（60/40）14.6tex 针织麻灰纱的性能测试。涤与棉混纺色纺纱技术要求包括单纱断裂强力变异系数、线密度变异系数、单纱断裂强度、线密度偏差率、条干均匀度变异系数、千米棉结（+200%）、明显色结、十万米纱疵、色牢度、纤维含量偏差、色差及安全性能要求。

一、试验方法

1. 试验条件

各项试验应在各方法标准规定的条件下进行。

2. 取样规定

从检验批中随机抽取 20 个筒子，各项目所需样品数量及试验次数按表 2-8 规定，若检验批中的筒子数小于 20 个，则全部抽取作为样品。

表 2-8　涤与棉混纺色纺纱各项目样品数量及试验次数的规定

项目	筒子数/个	每筒试验次数	总次数
线密度变异系数、线密度偏差率	20	1	20
单纱断裂强度、单纱断裂强力变异系数	20	5	100
条干均匀度变异系数、千米棉结	10	1	10
明显色结	10	1	10
十万米纱疵	6	—	1
色牢度	1	—	1
纤维含量偏差	3	—	1

3. 线密度变异系数、线密度偏差率试验

摇取绞纱长度应按 GB/T 4743—2009《纺织品卷装纱绞纱法线密度的测定》规定执行，其中线密度变异系数采用程序 1，线密度采用程序 3，公称线密度 100m 标准质量和标准干燥质量按附录 B 计算，线密度偏差率应将烘干后的绞纱折算至 100m 质量，并按式（2-1）计算：

$$D = \frac{m - m_\mathrm{d}}{m_\mathrm{d}} \times 100\%$$ （2-1）

式中：D——线密度偏差率；

　　　m——100m 试样实际干燥重量，g；

　　　m_d——100m 试样标准干燥重量，g。

4. 单纱断裂强度及单纱断裂强力变异系数试验

单纱断裂强度及单纱断裂强力变异系数试验按 GB/T 3916—2013 规定执行。

5. 条干均匀度变异系数、千米棉结（+200%）试验

条干均匀度变异系数、千米棉结（+200%）试验按 GB/T 3292.1 规定执行。

6. 十万米纱疵试验

十万米纱疵试验按 FZ/T 01050 规定执行，十万米纱疵结果用 A3+B3+C3+D2 之和表示。

7. 明显色结试验

明显色结试验按 FZ/T 10021 中附录 A 执行。

8. 纤维含量试验

纤维含量试验按 GB/T 2910.11 规定执行，纤维含量以公定质量比表示。

9. 色牢度试验

耐皂洗色牢度试验按 GB/T 3921—2008 规定执行。

耐汗渍色牢度按 GB/T 3922—2013 规定执行。

耐摩擦色牢度按 GB/T 3920—2024 规定执行。

10. 色差试验

色差试验按 GB/T 250—2008 执行。

11. 成包净重

成包净重按 FZ/T 10021—2013 中附录 B 执行。

二、分等评级

按照 FZ/T 12016—2021《棉与涤纶混纺色纺纱》标准要求，同一原料、同一色号、同一工艺连续生产的同一规格产品作为一个或若干检验批；产品质量等级分为优等品、一等品、二等品，低于二等品指标者为等外品；棉与涤纶混纺色纺纱质量等级根据产品规格以考核项目中最低一项进行评等，并按其结果评定棉与涤纶混纺色纺纱的品等。

FZ/T 12016—2021《棉与涤纶混纺色纺纱》相关技术指标质量要求及订单纱线测试结果对比情况见表 2-9 和表 2-10，由表可见，纱线符合优等品质量要求。

表 2-9　订单纱线与 FZ/T 12016—2021《棉与涤纶混纺色纺纱》质量对照

品种	等级	线密度偏差率/%	线密度变异系数/%≤	单纱断裂强度/(cN/tex)≥	单纱断裂强力变异系数/%≤	条干均匀度变异系数/%≤	千米棉结(+200%)/(粒/1000m)≤	明显色结/(粒/100m)≤	十万米纱疵/(个/10⁶m)
13.1~16.0tex	优	±2.0	1.5	15.0	10.0	16.0	450	3	5
	一	±2.5	2.5	13.5	13.0	19.0	850	8	15
	二	±3.0	3.5	12.0	16.0	22.0	1250	15	—
14.6tex订单纱线	优	1.8	1.4	17.2	9.4	12.2	385	3	2

表 2-10　订单纱线与 FZ/T 12016—2021《棉与涤纶混纺色纺纱》色牢度对照

项目		订单纱线测试结果	标准技术要求
耐皂洗色牢度	变色	4-5	4
	沾色	3-4	3-4
耐汗渍色牢度	变色	4-5	4
	沾色	3-4	3-4
耐摩擦色牢度	干摩	4-5	4
	湿摩	2-3	3（深色 2-3）

三、整理与清洁

关闭仪器设备电源并将仪器设备摆放整齐；随后整理桌面，将试验工具和试剂有序归位，未受污染的纱线回收处理；之后清洁桌面，将废弃物按照老师要求集中丢弃。

【课外拓展】

讨论色纺纱生产过程中容易出现的质量问题及有效的质量控制措施。

任务六　色纺纱报价

【任务导入】

纱线的售价牵涉纱线企业的生命线，不仅影响企业资金回流，还关系众多员工的工资待遇和生活保障。纱线报价的制定同样需要展现出一丝不苟的工作作风，首先是成本核算环节，企业需要充分了解纱线生产各环节的成本消耗，如纺纱各流程的原材料损耗（制成率）、用工情况、水电消耗情况、设备磨损情况、管理操作情况、场地维持情况等。在报价制定过程中，还要综合考虑包装、运输、税率、客户的接受程度、合理利润等因素，需要企业积累丰富的生产和市场管理经验，以制定更加合理科学的报价。

本次任务中，基于订单纱线工艺技术难度、生产管理难度、原料及相关生产成本消耗情况，核算生产总成本，并提供一份完整的报价单以供客户参考。

【知识准备】

色纺纱报价

在国际或国内贸易中，买方向卖方询问商品价格，卖方通过考虑自己产品的成本、利润、市场竞争力等因素，报出可行的价格。报价的高低对企业订单的获取意义重大，报价单的制定是产品销售过程的重要环节。商品的成本和费用包括工厂成本、利润率、税率、运输费、代理费用等，在国际贸易中，还包括汇率、国内费用（工厂到港口的运输费、港杂费用、托盘费、样品费、银行手续费、制单费、利息等）、退税率等。

一份完整的报价单应包括品名、规格、数量、价格、包装、交货期、运输方式、付款方式及报价有效期等信息。因此，一名合格的纱线产品销售人员，不仅要熟知此类产品的市场情况，还要熟悉产品的生产、运输、流转的各个环节。产品的价格受订货数量、包装形式、运输方式以及是否含税等因素影响。

一、外贸报价单的主要内容

1. 报价单的头部

报价单的头部包括卖家及买家的基本资料，如工厂或品牌的标志、公司名称、详细地址、邮政编码、联系人姓名、职位名称、联系电话、公司网址等。还包括报价单的标题（报价的具体商品）、参考编号、报价日期及有效期等关键信息。

2. 产品基本资料

在纺纱产品报价中，产品基本资料主要包括序号、货号、产品名称、产品图片、产品描述、原材料及混纺比、规格、加工方式、颜色等信息。

3. 产品技术参数

产品技术参数主要包括纱线的各项技术性能指标，如强度及变异系数、条干均匀度及变异系数、重量偏差及变异系数、棉结杂质粒数、毛羽指数等；色纺纱还应包括色彩参数及色牢度指标；其他特殊性能纱线也应根据客户要求提供必要的技术参数。

除上述技术性能指标外，根据客户需要，产品技术参数还可包括产品使用有效期、用途和使用范围等信息。

4. 价格条款

根据货运及流转过程中产生费用由卖方还是买方承担，大致可以将价格分类为离岸价（FOB）、成本加运费（CFR）、成本加运费保险费（CIF）、工厂交货价（EXW）等四种类型。几种贸易方式间的差别见表2-11。

表 2-11　常见外贸交易方式对比

交易方式	交货地点	运输负责方	保险负责方	出口手续负责方	进口手续负责方	风险转移地	所有权转移
FOB	装运港	买方	买方	卖方	买方	装运港船舷	随交单转移
CFR	装运港	卖方	买方	卖方	买方	装运港船舷	随交单转移
CIF	装运港	卖方	卖方	卖方	卖方	装运港船舷	随交单转移
EXW	出口国工厂或仓库	买方	买方	买方	买方	交货地	随买卖转移

FOB、CFR、CIF 共同点：

（1）卖方负责装货并充分通知；买方负责接货。

（2）卖方办理出口手续，提供证件；买方办理进口手续，提供证件。

（3）卖方交单；买方受单、付款。

（4）装运港交货，风险、费用划分一致，以船舷为界。

（5）交货性质相同，都是凭单交货、凭单付款。

（6）都适合于海洋运输和内河运输。

FOB、CFR、CIF 间的不同点：

（1）FOB：买方负责租船订舱、到付运费；办理保险、支付保险。

（2）CFR：卖方负责租船订舱、预付运费；买方负责办理保险、支付保险。

（3）CIF：卖方负责租船订舱、预付运费；办理保险、支付保险。

5. 数量条款

数量条款需要标明柜体的具体尺寸类型及容积、最小订单数量及库存具体数量。

6. 支付条款

根据支付方式的不同，支付条款分为即期信用证、远期信用证、可撤销信用证、不可撤销信用证、跟单信用证、光票信用证、可转让信用证、不可转让信用证、电汇等多种形式。

7. 质量条款

质量条款包括商品根据进出口贸易及买卖双方的约定要求，在指定的检验检疫机构所获取的商品品质、包装、卫生、安全等检验文件。

8. 运输条款

运输条款需标明起运港、目的港、装运港、卸货港、转运港；装运日期、装运期限、装运时间；是否分批与转船等运输信息。

9. 交货期条款

交货期条款需标明生产准备与投产周期，以及交货期。

10. 品牌条款

品牌使用方面，客户可使用自己的品牌或由其指定的其他品牌，也可使用工厂自己的品牌。

11. 原产地条款

原产地条款需要提供普通原产地证或普惠制原产地证。

12. 其他资料

买卖双方约定的其他资料，如工商营业执照、国税局税务登记证、企业法人代码证书、质量检验报告、产品质量认证、出口许可证等。

二、内贸报价单的主要内容

内贸报价单内容与外贸报价单基本一致，主要包括买卖双方基本资料、产品基本资料、价格条款、数量条款、支付条款、质量条款、包装运输条款、交货期条款等，国内贸易流程相对简短，流转手续及费用也较少。

内贸报价单示例1：

××××××有限公司报价单

□急件　　　□重要　　　□一般　　　编号：

客户信息

公司名称：_____　　　公司地址：_____

联系人：_____　电话：_____　传真：_____　邮箱：_____

产品报价信息

序号	产品名称	规格	品牌	单位	数量	单价	小计
小写合计				大写合计			

备注：1. 以上报价含17%增值税。

　　　2. 交货地址：_____

　　　3. 付款方式：_____

　　　4. 包装方式：_____

　　　5. 供货周期：_____

　　　6. 型号规格（订货数量如有变化，请另询价格）：_____

　　　7. 报价有效期：_____

　　　8. 其他：_____

联系人：_____　电话：_____　传真：_____　邮箱：_____

报价日期：××××年××月××日

内贸报价单示例2：

报　价　单

报价单位：	联系人：	联系电话：	邮箱：

客户名称：				报价日期：		

请看以下报价作为参考，如有任何问题请与我们联络

序号	产品名称	产品类型	规格	数量/t	单价/元	金额/元	备注
1							
2							
3							
合计小写				合计大写			
备注	1	本报价单有效期15天。　　供货期：7天以内。					
	2	交货地址：					
	3	货运方式：					
	4	付款方式：					
	5	报价单内容请确认签名：					
报价人				审批人			

三、报价的方法与技巧

有经验的商人首先会在报价前做好充分的报价准备，并在报价过程中选择适当的价格术语，以及利用合同里的付款方式、交货期、装运条款、保险条款等条件与买家讨价还价，也可凭借自己产品的综合优势，在报价过程中掌握主动，从而促进交易。

1. 报价准备工作

（1）充分了解自己产品的构成和特点，以及其他需要掌握的基本知识。比如销售色纺纱线产品，就需要了解纱线的原料性能及价格、生产工艺技术难点、色彩特征、生产周期、产量、产品性能、产品用途等。

（2）前期做好市场跟踪调研，清楚产品市场的最新动态。比如类似产品的市场报价、市场需求情况、自身产品的市场竞争优势等。

（3）了解同行产品情况。只有了解对手的情况才能知道自己的缺点和优点，进而改正自身缺点，提高自身竞争力。

2. 正确介绍自己

和客人打招呼语言要规范，往往第一句话很重要，不仅给客人留下好的印象，更重要的是给客人传达多的信息。比如："你好，我是精锐棉纺的白先生，有什么可以帮你吗？"要比单一的"你好""有什么可以帮你"，更能体现专业性和企业诚意。

3. 充分了解客户需求

当客户询问某产品时，企业人员要了解客户对该产品的具体要求。比如他需要的纱线产品规格、原料、混纺比、纺纱工艺、数量、包装要求、用途，并询问客户有没有图片或

样品提供等。只有充分了解客户意愿，才能给出合理准确的报价。

4. 选择合适的价格术语

在一份报价中，价格术语是核心部分之一。报价条件包括产品包装、是否包含运费、是否含税等。不同的报价条件，产品的价格并不相同。比如客人希望价格再低一些，企业人员就可以建议客人更换简单的包装或使用普通的材料，从而节约成本，达到客户提出的价格。

5. 报价单格式要规范

报价单格式要规范，条理要清楚，内容要全面。除产品外，尽可能在回信中附上一些关于产品的资料，比如包装情况、装箱情况、产品图片、报价有效期、最小起订量、付款条件、优惠条件等。

6. 报价的方法

（1）报虚价。这种方法就是报高价格，价格中虚报的成分一般较多，为买卖双方的进一步磋商留下了空间。

（2）报低价。这种方法就是把价格报低一点，以此吸引顾客，诱发客户和企业人员洽谈，在洽谈过程中，企业人员可再从其他交易条件寻找突破口，慢慢抬高价格，最终在预期价位成交。运用此种报价方法风险较大，因为报出令对方出乎意料的价格后，虽然有可能将其他竞争对手排斥在外，但企业也会承担难以使价位回到预期水平的风险。

（3）先报价。这种方法指客户指明产品后直接给客户报价。这种报价方法使企业掌握了主动，为双方提供了一个价格谈判的范围，同时可以给客户留下一个主观的可能成交价格的印象，从而促进洽谈的进度。

（4）尾数报价。这种方法针对人们对数字的心理，在报价中采用小数、当地风俗偏好的数字，投其所好，使客户更易接受。如产品价格是 14000 元/t，可报价 13980 元/t；产品价格为 70 元/件，可报价 69.9 元/件等。

四、工厂成本价格

在纱线产品报价过程中，工厂成本价格是最核心因素，客户购买的是纱线产品本身，因此除去运输、税率等额外费用，产品本身的净价更受客户关注。作为纱线销售人员，准确核算纱线产品工厂成本价格是一项关键技能。

纺纱企业由于纺纱工艺流程长，品种多，原材料及人工成本在产品总生产成本中所占比例较大，此外，涉及的成本还有水电、管理、包装、运输、机器折旧等成本。纺纱企业通常拥有固定的标准运算程序对生产成本进行核算与管理。生产中多用标准成本来核定纱线生产成本。纺织企业可先确定直接材料、直接人工（管理）和制造费用的标准成本。

1. 标准原材料消耗

标准原材料消耗指生产 1t 纱线耗用的纤维原料数量。一般情况下生产 1t（1000kg）纱线，纯棉精梳纱的用料量在 1300~1450kg/t 纱；纯棉普梳纱的用料量在 1080~1200kg/t 纱；

涤纶纤维纱的用料量在 1010~1060kg/t 纱；转杯纺纱的用料量为 1074kg/t 纱。纺棉时，用料量随纱线支数的升高而略有增加。计算时，各类原料购买价格乘以所占比例，再乘以制成率，同时还需考虑染色费，普、精条，点子等费用。

2. 标准人工（管理）成本

标准人工（管理）成本指生产 1t 或一件纱线（100kg）从投料到完工所需的正常人工及管理成本，通常由技术生产部门核定。对于色纺纱而言，纺纱生产管理更加复杂难以控制，通常需加收色号费。比如，就 2017 年市场价格而言，色比 30% 以下，加收 500 元；31%~50% 加收 1000 元；51%~65% 加收 1500 元；66%~85% 加收 2000 元；全色号系列加收 3000 元。纱线品种不同，工艺难易程度也有显著差别，根据工艺难易程度，还需加收工艺费：一般竹节纱加收 1000 元，点子纱加收 1500 元，雪花纱（加精落）加收 1500 元。云斑纱加收 1500 元，粗纱 AB 加收 2000 元，细纱 AB 加收 2500 元，段彩纱加收 5000 元。表 2-12 对纱线生产标准人工成本进行了举例。

表 2-12　纱线生产标准人工成本举例

纱线品类	纱线线密度/tex	标准人工成本/（元/t）	纱线品类	纱线线密度/tex	标准人工成本/（元/t）
普梳纱	29.5	3000	精梳纱	4.9	21000
普梳纱	9.8	5500	气流纺	59.1	1750
精梳纱	29.5	4000	气流纺	36.9	200
精梳纱	18.5	4500	股线	29.5/2	2600
精梳纱	14.8	5000	股线	14.8/2	3200
精梳纱	9.8	6000	股线	14.8/2：	4000
精梳纱	7.3	11000	股线	9.8/2	8000
精梳纱	5.9	16000	竹节纱	9.8	14000

3. 标准制造成本

标准制造成本包括产品生产过程中的燃料及动力消耗、易损耗部件消耗、机械维护保养、设备折旧等，根据生产周期内的实际消耗折合成单位产量消耗。

纱线标准制造成本计算较为复杂，很多中小型企业为了计算方便，根据以往经验，直接将该部分成本与人工（管理）成本合并，进行较为粗略的成本核算。

此外，纱线产品的报价还受到订货量、生产周期、生产季节等因素影响。根据订货量的不同，如 1t 以内、5t 以内或 5t 以上订单规模，不同订单数量，在价格上也会有很大的区别。订货量大，工厂不需要频繁更换工艺，工人劳动强度较低，从而显著降低了生产管理和运作成本。因此，订货量越大产品报价越低。而对于生产周期比较紧张的订单，工厂需要进行恰当的调度，甚至影响其他订单的排期，使得工厂是否能够按期交货具有一定风险，常常需要更加严密的管理和更多的人力输出，因此在报价上也会偏高。

另外，纺纱行业也存在较为显著的淡季和旺季，淡季来临，同行企业竞争激烈，价格偏低；旺季来临，企业订单排期较满，价格偏高。

4. 工厂成本价格实例

表2-13和表2-14列举了两款常见的色纺纱成本价格计算实例，其中表2-13为B65 CVC 60/40 18.5tex竹节纱；表2-14为咖啡段彩C18.5tex纱。相比传统环锭纺纱，色纺纱在纤维染色、配色、纺纱工艺等方面有显著的附加成本，因此不同色彩、不同结构效果、不同品质的色纺纱价格可能存在较大差异。

表2-13　常规色纺 B65 CVC 60/40 18.5tex 竹节纱成本价格计算实例

项目	原料	配比/%	价格/（元/t）	染色费/（元/t）	费用小计/（元/t）
B65 CVC 60/40 18.5tex竹节纱	仪征黑涤	40	10000	—	4000
	红光黑棉	25	16400	8500	6225
	新疆白棉	35	16400	—	5740
材料费小计	取制成率为1.12				17881
加工费	参考18.5tex棉纱市价				4500
色号费	有色纤维达65%				1500
工艺费	特殊品种纱线：竹节纱				1000
费用总计	—				24881

表2-14　咖啡段彩 C18.5tex 成本价格计算实例

项目	原料		配比/%	价格/（元/t）	染色费/（元/t）	费用小计/（元/t）
咖啡段彩C18.5tex	主纱70%	漂白棉	26	16400	6000	4077
		新疆白棉	74	16400	—	8495
	辅纱30%	驼灰棉	16	16400	10000	6692
		黄棕棉	16.5	16400	10000	
		深咖棉	49	16400	10000	
		虎黄棉	3	16400	10000	
		新疆白棉	15.5	16400	—	763
材料费小计	取主纱制成率为1.18，辅纱制成率为1.2					23781
加工费	参考18.5tex棉纱市价					4500
色号费	有色纤维小于30%					500
工艺费	特殊品种纱线：段彩纱					5000
费用总计	—					33781

【任务实施】

一、工厂成本价格核算

来样纱线规格为14.8tex针织麻灰纱，经来样分析及小样试纺，确定原料选取及色纤维配比为：本色新疆棉/黑色新疆棉/本色涤占比40/20/40。根据以往生产经验，精梳棉部分制成率1.2，涤纶制成率取1.12，参考以往生产品种，核算该品种工厂成本价格见表2-15。

表 2-15　来样纱线工厂成本价格核算

项目	原料	配比/%	价格/（元/t）	染色费/（元/t）	费用小计/（元/t）
JC/T（60/40） 14.8tex 针织 麻灰纱	本色涤	40	8260	—	3304
	黑色新疆棉	20.5	16400	8500	5105
	新疆白棉	39.5	16400	—	6478
材料费小计	棉纤维部分制成率为 1.2，涤纶制成率为 1.12				17600
加工费	参考 14.8tex 棉纱市价				5000
色号费	有色纤维小于 30%				500
工艺费	特殊品种纱线：云斑纱				1500
费用总计	—				24600

二、产品报价单

根据企业内部有关报价的规定，订单纱线 1t 及以下利润不低于 15%，5t 及以下利润不低于 10%，5t 以上不低于 7.5%，淡季利润下降 20% 左右，旺季利润上升 20% 左右，具体视当时市场环境而定。本案中客户订单 5000kg，控制利润为 10% 左右为宜。制作产品报价单如下。

××××色纺有限公司报价单

□急件　　☑重要　　□一般　　　　　编号：

客户信息

公司名称：　×× 布业有限公司　　　公司地址：　××省××市××路××号

联系人：李经理　　电话：×××××××　传真：×××××××　邮箱：×××××××

产品报价信息

序号	产品名称	规格	品种	数量/t	单价/元	小计/元	备注
1	JC/T（60/40）	14.8tex	麻灰 云斑纱	5	27060	135300	
小写合计	￥135300 元			大写合计	拾叁万伍仟叁佰圆整		

备注：1. 以上报价含 17% 增值税。

　　　2. 交货地址：××××色纺有限公司

　　　3. 付款方式：对公现金转账

　　　4. 包装方式：塑封箱装

　　　5. 供货周期：七天

　　　6. 型号规格（订货数量如有变化，请另询价格）：　25kg/箱

　　　7. 报价有效期：30 天

　　　8. 其他：

联系人：王经理　　电话：×××××××　传真：×××××××　邮箱：×××××××

报价日期：　　年 月 日

制订报价时，具体数值应考虑价格制定策略，以使顾客更易接受。因除生产成本外还涉及其他额外成本，如增值税、包装费、运输费等，在初次报价时也可以暂不增加这些部分，但一定要让客户明确价格构成，以免造成不必要的误会。

【课外拓展】

（1）现有品种为普梳雪花纱 T50/C38/R12 18.5tex，成分构成为 38%细绒棉，50%涤纶，12%黏胶纤维，试根据实际市场行情制作一份产品报价单。

（2）现有品种为普梳段彩纱 T/C 90/10 9.8tex，成分构成为 10%新疆棉，90%涤纶，试根据实际市场行情制作一份产品报价单。

➤ 【课后提升】

任务七　色纺牛仔赛络竹节纱开发

【任务导入】

牛仔服装以其独特的魅力风靡各国，经久不衰。但随着社会进步和经济发展，传统的靛蓝粗斜纹牛仔布已不能完全满足市场需求。某公司为了探索新型牛仔风格，拟采用色纺、赛络纺、竹节纱等纺纱技术相结合的方式，纺制一款纯棉 19.7tex 色纺针织牛仔赛络竹节纱，使产品在全棉花色纱的基础上融入牛仔元素，加以若隐若现的竹节风格修饰，使得织物具有层次感和凹

牛仔赛络
竹节纱制品

凸不平的肌理效果。同时将赛络纺工艺与竹节效果有机地结合在一起，使其成纱毛羽较少，外观光洁，尤其是具有单纱断裂强度高，织造断头少，织物耐磨性好等特点。本任务根据所学知识，设计该款纱线的主要工艺，并尝试纺制其样品，测试其主要纱线性能指标，评价其实用性能。

【任务实施】

一、原料选配

采用新疆生产建设兵团 1~2 级细绒棉混合配棉（品种为 131、129、229），其中 16mm 以下平均短绒率 12.8%，马克隆值 4.2，含杂率 1.4%，细度 1.6dtex，断裂强度 26cN/tex。

二、色纺纱配色

A 粗纱采用浅蓝色，B 粗纱采用深蓝色。配色时需分别对准 A 色色光和 B 色色光。具体色棉配比情况：A 纱湖蓝色棉含量 15%，浅蓝色棉含量 35%，本白棉含量 50%；B 纱黑色棉含量 25%，海昌蓝色棉含量 40%，深蓝色棉含量 14%，本白棉含量 21%。采用纵向混棉，即在并条机上按配色比例搭条，使各种颜色纤维在纵向发生混合，且采用两道混并工艺。

三、工艺流程设计

采用相同的工艺流程分别制成 A 组分粗纱和 B 组分粗纱，然后在细纱工序采用赛络纺和竹节纱纺纱技术纺制出风格独特的花色 AB 纱。具体工艺流程如下。

FA002 型抓棉机→JFA030B 型凝棉器→SFA035E 型混开棉机→FA106E 型开棉机→SFA161A 型振动给棉机→A076F 型成卷机→A186G 型梳棉机→FA311F 型并条机→RS-BD401C 型并条机→A4421 型粗纱机→FA506 型细纱机→Espero-M 型络筒机

四、主要工艺设计

1. 开清棉主要工艺

开清棉工序采取规范排包，降低各打手速度，收紧剥棉刀隔距等措施，以减少纤维损伤和返花现象。以柔和开松为原则，做到"早落、多落、少碎"，保证棉卷重量不匀率、伸长率、正卷率均达到要求。

开清棉工序采取的具体工艺参数：FA002 型抓棉机打手伸出肋条距离 3mm，打手速度 800r/min，SFA035E 型混开棉机打手速度 430r/min，A076F 型成卷机综合打手速度 900r/min，风扇速度 1300r/min，打手与剥棉刀隔距调整为 1.5mm，棉卷干定量 400g/m，棉卷长度 32.16m。实测棉卷重量不匀率 1.5%、伸长率 2.0%、正卷率 98%。

2. 梳棉主要工艺

梳棉工序在确保"四锋一准"的同时，遵循"紧隔距、强分梳、多除杂、少损伤"的工艺原则。竹节纱对粗细节的要求相对较低，而粗细节水平与短绒率关系较密切，因此梳棉工艺在权衡棉结与短绒关系时，宜适当偏重考虑棉结。为减少棉结可适当提高锡林速度，收紧锡林与盖板隔距，加大梳理力度。主要工艺参数：锡林速度 360r/min，刺辊速度 930r/min，盖板速度 240mm/min，道夫速度 14r/min，锡林与盖板隔距分别为 0.18mm、0.15mm、0.15mm、0.15mm、0.18mm，锡林与道夫隔距 0.125mm，生条干定量 20g/5m。实测生条棉结 20 粒/g。

3. 并条主要工艺

并条工序头并采用 7 根并合，末并采用 8 根并合，以保证熟条重量不匀率。牵伸分配采用顺牵伸工艺，以提高纤维的伸直平行度。熟条定量的确定要考虑粗纱牵伸倍数不宜超过 8.5 倍。具体工艺参数：两道并条罗拉隔距均为 7mm×5mm×10mm；A 纱一并并条定量 18g/5m，二并并条定量 17g/5m；B 纱一并并条定量 19.5g/5m，二并并条定量 17g/5m。

4. 粗纱主要工艺

粗纱采用"轻定量、大捻度、小后区牵伸、小钳口隔距"的工艺原则。由于细纱采用赛络纺，所以粗纱定量以偏轻设计，并适当增加粗纱捻系数以减少粗纱退绕时产生的意外牵伸，防止粗纱断头，但同时必须保证细纱牵伸不出"硬头"；采用小后区牵伸倍数，中前区牵伸，以提高纤维伸直度。由于定量较小，选择钳口隔距块偏小以加强纤维控制。A 粗纱和 B 粗纱具体工艺配置均为：捻系数 115，定量 4.0g/10m，后区牵伸 1.26 倍，钳口隔距 4.5mm。

5. 细纱主要工艺

对于竹节纱来说，竹节节粗太小时，织物表面的竹节风格不明显；节粗太大时，纱线强力不好，且纺纱有难度。本设计竹节纱号数 19.7tex，竹节部分号数 27.6tex，基纱部分号数 15.3tex，节粗 1.8 倍，设置无规律循环类竹节纱。

因竹节纱捻回传递具有特殊性，钢丝圈遇到竹节时运行受影响，在竹节处很容易形成弱捻。为减少断头，提高生产效率，一般设计捻度要比纺常规纱大 10% ~ 15%，甚至高达 20%，本设计采用捻系数 380。

赛络纺纱是双根粗纱喂入，因此牵伸力增大，后区工艺必须进行相应的调整，即后区工艺应适当加大罗拉隔距及牵伸倍数。细纱后区牵伸一般在 1.2 ~ 1.3 倍。适当放大后区牵伸、降低牵伸力、减小牵伸力波动，有利于减少"硬头"出现。本设计采用后区牵伸 1.25 倍，后区罗拉隔距 18mm×32mm，两者偏大设计有利于提高成纱质量。

喂入喇叭口中心距决定粗纱间距，而粗纱间距又决定经过牵伸的两根纱条在前罗拉输出钳口的距离。间距大，须条间的夹角过大，导致单纱须条过长，张力变大，边纤维损失多，毛羽减少，但加捻三角区中边纤维的损失会直接影响成纱质量。间距小，须条间的夹角小，使须条变短，张力变小，毛羽较稳定，成纱质量也较稳定，但间距不宜过小，过小变成双纱喂入，赛络纺的股线风格无法体现。本设计根据前期生产经验，选用喇叭口中心距为 5mm，可获得良好的成纱质量和股线风格。

6. 络筒主要工艺

络筒工序遵循"低速度、小张力、严格清纱门限"的工艺原则。针对竹节纱具有明显粗细节、捻度分布不均、存在弱环的特点，选择合适的张力以减少断头现象，清纱隔距既要保证竹节纱的设计竹节能顺利通过电子清纱器，也要能尽可能清除超出竹节纱节长、节距及节粗的长粗、长细等有害纱疵。主要工艺参数为络筒速度 800m/min，棉结 220%；短竹节、长竹节在清纱器原设定档次上适当加放，其加放百分比 K =（竹节号数－平均号数）/平均号数，K 通道 275%（2~9cm）。短粗节+200%×2cm，长粗节+80%×22cm，长细节-52%×30cm，C_p（错号正偏差）20%，C_m（错号负偏差）20%。

五、工艺上机

根据设定工艺，组织先锋试样试纺，在实际生产中根据上机表现适当调整和完善生产工艺。生产中应遵循节约用棉的原则，做好回花及时分类回用工作。同时，注意色纺纱车间管控，防止出现窜色、夹色、渗色等质量事故。此外加强温湿度管理，保证稳定性。加强运转管理，严格执行清洁周期。

六、质量评定

所开发纯棉 19.7tex 赛络纺竹节纱主要质量指标：百米重量 *CV* 值 2.5%，重量不匀率 2.0%，断裂强度 15.9cN/tex，单强 *CV* 值 8.4%，明显色结 5 粒/100m，捻度 97.1 捻/10cm，捻度 *CV* 值为 4.3%，表明该竹节纱达到了一般服用一等品质量要求。

任务八　涡流纺长片段竹节段彩纱开发

长片段段彩纱面料

【任务导入】

色纺段彩纱是一种新型花式纱线，其特点在于通常沿纱线的长度方向，不同组合的色纤维呈不规则变化分布，制成的织物色彩层次感强，布面风格独特新颖。目前段彩纱的生产工艺主要有三种：第一种是在并条机上制成段彩条子，经后续工序牵伸后得到，该类段彩纱段彩片段长度较长；第二种是在粗纱机上制成段彩粗纱；第三种是在环锭纺细纱机上加装段彩装置，形成具有段彩、竹节效果的单纱。

某公司拟开发一款新型涡流纺段彩纱，在前纺工序把条子制备成段彩条，然后经涡流纺的高倍牵伸进一步将其抽长拉细形成长片段段彩纱，以克服环锭纺段彩纱普遍存在的毛羽多、条干不佳等问题，并获得更具特色的段彩纱风格。根据所学知识，设计一款涡流纺段彩纱，制定该款纱线的主要工艺，并尝试纺制其样品，测试其主要纱线性能指标，评价其实用性能。

【任务实施】

一、产品设计

采用超短黏胶色纤维与本色竹浆纤维、椰炭改性涤纶等三种原料，从涡流纺的成纱机理分析，因黏胶纤维长度较短，加捻包缠过程中趋于分布在纱线外围，浮现在纱体表面，因其分布不匀且具有随机性，使纱体表面色点若隐若现、深浅不一；竹浆纤维和椰炭改性涤纶的加入使得产品具有一定的抗菌除臭、防紫外线等功能，既满足了人们对夏季服装面料时尚、新颖、功能性等要求，也提高了产品的附加值。

为保证段彩风格，首先对并条机进行改造，加装并条竹节装置，将有色黏胶超短纤维条与本色竹浆纤维条在并条机上纺制成混纺竹节条，再与本色椰炭改性涤纶条并合后喂入涡流纺纱机。值得注意的是，涡流纺段彩纱与环锭纺段彩纱有着本质的区别，涡流纺的纤维须条在高速旋转涡流作用下膨胀分离发生扩散，在气流加捻腔内实现重新分布。由于须条的竹节处色纤维含量高，有助于色纤维在竹节处较多包缠在外围，色纤维最终在纱体外围沿长度方向分布不均匀，从而纺制成竹节段彩纱。

二、原料选用

有色黏胶超短纤维规格 1.33dtex×20mm，棕色，断裂强度 2.54cN/dtex，断裂伸长率 18.3%，回潮率 11.8%，体积比电阻 $4.52×108\Omega\cdot cm$；竹浆纤维规格 1.33dtex×38mm，白色，断裂强度 2.34cN/dtex，断裂伸长率 13.8%，回潮率 12%，体积比电阻 $4.1×10^7\Omega\cdot cm$；椰炭涤纶规格 1.56dtex×38mm，白色，断裂强度 4.46cN/dtex，断裂伸长率 20.8%，回潮率 0.4%，体积比电阻 $5.2×10^7\Omega\cdot cm$。纤维中含有的椰壳活性炭粒子使得纤维结构上孔隙增加，比表面积增大，吸附力提高，加速了汗液向气体转化的速度，并使得产品具有良好的抗菌除臭、防紫外线等功能。

有色黏胶超短纤维长度选择的依据：首先，涡流纺纱机在成纱过程中，由于前罗拉钳口到喷嘴空心管前端的距离通常小于纤维主体长度，较长的纤维易于被前钳口和喷嘴吸口控制，当其由牵伸机构输出时，头端位于主体纱条的芯部，成为平行芯纤维，而相对较短的有色黏胶纤维易于脱离前钳口控制与较长纤维的自由尾端一起在高速旋转涡流作用下包缠在平行芯纤维上，形成包缠纤维，从而保证有色短黏胶纤维有规律地包缠在纱体外层，形成段彩风格；其次，经试纺测试，纤维长度在 20mm 左右时，牵伸过程中不易受到前钳口或者后钳口控制，从而使得这部分有色短纤维牵伸不开，造成纤维聚集，更能增加竹节效果。

三、工艺流程设计

FA002D 型抓棉机→JFA030B 型凝棉器→A035 型混开棉机→FA106A 型开棉机→SFA161A 型振动给棉机→A076F 型成卷机→FA201B 型梳棉机→FA306A 型并条机→VORTEX 870 型涡流纺纱机

四、主要上机工艺

1. 开清棉工序

黏胶超短纤维含杂较少，长度整齐度较好，但纤维长度短，相较于长度 38mm 左右纤维，其单独成条困难。开清棉工序应采用短流程，减少开清点，降低打手速度，遵循"多松轻打，少落或不落"的工艺原则。不单独成卷，而是直接通过棉箱喂入梳棉机，并在 FA201B 型梳棉机增加自调匀整装置。

FA106A 型开棉机采用梳针辊筒，出口除尘棒反装，以加强对纤维的托持作用，并通过补入气流来提高纤维的回收作用，尽量减少超短纤维的损耗。主要工艺参数：FA002D 型抓棉机伸出肋条 2.6mm，A035 型混开棉机均棉罗拉与角钉帘隔距 40mm，FA106A 型开棉机梳针打手速度 500r/min，车间温度控制在 25℃以下，相对湿度 65% 左右。

2. 梳棉工序

梳棉工序中，由于黏胶纤维长度较短，生条定量偏大掌握以保证纤维间的抱合力。增大锡林盖板间隔距，减小盖板线速度，以尽量减少短纤维的排除。主要工艺参数：生条定量 25g/5m，锡林速度 305r/min，盖板速度 80mm/min，刺辊速度 700r/min，锡林与盖板隔距依次为 0.30mm、0.28mm、0.25mm、0.25mm、0.28mm，棉网张力牵伸 1.15 倍。

3. 并条工序

并条工序中，由于黏胶生条定量重，且生条结构定向性较差，采用预并条改善条子中纤维的伸直平行度和黏胶纤维生条的重量不匀。预并条采用总牵伸倍数大于并合数的设置来调整黏胶色条定量，此工艺设置也利于消除后弯钩，提高纤维伸直度、纤维分离度。

由于所纺原料为超短纤维，预并条牵伸罗拉隔距调至最小，并遵循"重加压，小隔距"的工艺原则，以保证牵伸过程中前、后钳口对短纤维的控制。纤维长度过短时，牵伸过程中变速点分布比较分散，若前区采取大牵伸分配，纤维进入主牵伸区加速过快，容易导致来不及被前钳口控制的短纤维形成浮游纤维而造成牵伸不匀，从而使条干均匀度变差。因此加大后区牵伸倍数，以减小主牵伸区的牵伸负担，使纤维在牵伸过程中逐渐变速，并尽量减少浮游纤维的产生，从而保证色条的条干均匀度。主要工艺参数：预并条定量 20g/5m，并合数 6 根，总牵伸 7.5 倍，后区牵伸 2.05 倍，罗拉隔距 5mm×7mm。

将本色竹浆纤维预并条与有色黏胶超短纤维预并条在加装了竹节装置的并条机上纺制成竹节混色条。竹节装置的工作原理是伺服电机的输出轴与后罗拉的输入端传动连接，当伺服电机增速时，带动后罗拉增速，从而瞬间增速超喂，形成所需的粗节。前罗拉配有编码器，编码器还与竹节控制箱连接，能在生产过程中按照设定的程序，根据前罗拉实际转速调控伺服电机，从而带动后罗拉的瞬时转速，有利于保证竹节循环的规律性，通过循环变化伺服电机速度，从而形成竹节条。

一道混并采用 4 根竹浆纤维条+2 根黏胶纤维色条喂入，且将 2 根黏胶纤维色条排列在 4 根竹浆纤维条的两侧。头道混并主要工艺参数：总牵伸 6.2 倍，后区牵伸 1.7 倍，罗拉隔距 8mm×14mm。所形成的竹节条竹节长度 30~60mm，随机并且均匀分布，竹节间距 50~75mm，随机并且均匀分布，竹节粗度 2.8 倍。

二道混并采用 2 根黏胶竹浆纤维竹节混色条+5 根椰炭改性涤纶预并条喂入，且将 2 根竹节混色条排列在 5 根椰炭改性涤纶预并条的两侧，这种排列方式可保证经过并合牵伸后的条子具有明显的竹节效果，其分布呈现出有规律性的竹节不匀，并尽量使超短有色黏胶纤维分布于纱条外层。经实测，有色黏胶超短纤维沿条子长度方向含量在 10%~20% 不断变化。二道混并主要工艺参数：总牵伸 7.15 倍，后区牵伸 1.5 倍，罗拉隔距 9mm×15mm。

4. 涡流纺纱工序

从涡流纺成纱机理分析，纤维长度越短，越容易脱离前钳口控制而形成自由端纤维，包缠于芯纤维外围。由于超短纤维长度较短，头端被进入纱芯的长纤维抱合，末端更容易脱离前钳口握持而成为外包纤维,分布于纱体外层。由于喂入的竹节须条中竹节间距片段和节粗片段(竹节长度部分)中有色黏胶纤维含量不同,在高速旋转涡流作用下纤维膨胀分离、扩散包缠后,纤维在空间重新分布,即喂入须条中节粗片段含量较多的是有色黏胶纤维,并易于分布在纱体外层形成明显的段彩分布;须条中竹节间距片段中有色纤维含量较少,容易被白色纤维覆盖并捻入纱体中,从而最终在纱体表面形成若隐若现的段彩效果。涡流纺主要工艺参数:总牵伸182倍,主牵伸28倍,中间牵伸2.17倍,后区固定牵伸3.0倍,罗拉中心距44.5mm×36mm×40mm,出纱速度310m/min,较低的出纱速度使得外层纤维对纱芯有更好的包缠,喷嘴气压选用0.53MPa。

经过涡流纺的高倍牵伸后,有色黏胶纤维在纱线长度方向上分布呈时隐时现状态,但在集中分布处形成了较有规律的5~20m的彩色长片段,从而得到长片段段彩竹节纱。不同于环锭纺段彩纱,涡流纺段彩纱在布面上的色点若隐若现,时而形成连续分布,时而散点分布,形成独特的风格。

五、成纱质量检测

对所纺制的椰碳涤纶/竹浆纤维/黏胶纤维(70/20/10)涡流纺长片段段彩纱进行常规性能测试,其基纱号数为18.4tex,断裂强度17.6cN/tex,强力 CV 值为8.46%,断裂伸长率为6.9%,百米重量 CV 值为1.24%,3mm毛羽数为0.9根/m。其成纱质量达到 FZ/T 12046—2014《涡流纺涤粘混纺色纺纱》一等品的质量要求。与环锭纺段彩纱不同,涡流纺段彩纱有害毛羽少,有利于后道加工,具有段彩片段长且生产效率高的特点。

◯ 项目三

市场流行纱线开发与设计

◎学习目标

（1）熟悉纱线市场调研的途径和方法，能够熟练地对纱线产品市场展开调研，并学会撰写简单的市场调研报告。

（2）能从市场调研、市场需求出发，确定新型纱线的设计方向和设计概念，并对产品进行系统性设计。

（3）能够结合现有设备和技术资源，独立进行市场流行纱线的开发与设计，主要包括生产工艺的优化以及纱线功能或性能的改进设计等，以增强产品的市场适应性。

（4）熟悉企业新产品开发规程，了解技术评审对新产品开发的重要意义，能够对新产品技术评审提供必要的技术资料。

（5）熟悉新型纱线与传统纱线在质量评定中的异同，能结合新型纱线的具体品种确定合适的质量检测项目，并组织实施。

（6）能够针对新型纱线企业本身或某款新型纱线产品制订简单的市场推广方案。

◎项目任务

2024年3月，中国棉纺织行业协会、中国化学纤维工业协会联合发布主题为"进化"的中国纱线流行趋势2024/2025，发布低碳、多元、颜值、优品4个方向40种纱线品种。中国纱线流行趋势自2019年启动以来，坚持采用绿色环保、科技智能、多元创新、应用拓展主题的新型纤维原料，坚守"创新、绿色、低碳、环保、时尚"理念，致力于推广创新技术和产品应用、品牌建设，诠释"纤维创造美好生活"的民生"底色"。

因公司战略调整，研发部接到任务将要进军功能性多元混纺纱线市场，研发部拟率先研发一类或一款市场流行纱线，树立品牌形象，并以此为基础正式进入该纱线市场领域。

首先要求研发部对该市场进行全面了解，结合公司自身情况，以一类产品或一款产品为中心，拟定市场调研方案，展开全面的市场调研，熟悉其产品的品种类别、市场情况、主要竞争对手情况、应用情况、流行与发展趋势以及产品的核心生产与管理技术等，在全面市场调研的基础上撰写调研报告，提出公司拟开发的产品项目，并做出适当的可行性论证分析。调研报告获得审批后，对该产品项目做出具体的设计，并组织进行工艺试纺和工艺优化，确定最佳生产工艺，样品送检通过技术评审后，定制市场推广方案，为产品打入市场做好充分的前期准备工作。

➤ 【课前导读】

任务一　产品市场调研计划

【任务导入】

实事求是是产品市场调研的基本原则和行动纲领，实事求是原指根据实证，求索真知，现多指从实际对象出发，探求事物的内部联系及其发展的规律性，认识事物的本质。"实事求是"是中国共产党的思想路线和思想作风的重要内容，是毛泽东思想的出发点和根本点。党的十八大以来，习近平总书记多次对为什么要坚持实事求是、怎样坚持实事求是等问题作出深刻论述。新中国成立以来，全国各级领导始终遵循"实事求是"的工作作风，深入一线调研考察，解决实际问题推动实际工作、提高执政能力促进发展。

在新产品开发前，首先要全面调研市场实际情况，根据调研的客观结果实事求是地确定产品开发方向和资金投入情况，才能保障合理的投入产出率。在本任务中，要在初步了解功能性多元混纺纱线市场的基础上，选取其中一类产品或一款产品为目标，使用恰当的方法，围绕产品的品种类别、市场情况、主要竞争对手情况、应用情况、流行与发展趋势以及产品的核心生产与管理技术等内容，制订合理的市场调研方案，并组织实施调研。

【知识准备】

市场调研是指为了提高产品的销售决策质量、解决存在于产品销售中的问题或寻找机会等而系统地、客观地识别、收集、分析和传播营销信息的工作。市场调研是企业制订产品研发与营销计划和策略的

纺织产品市场调研

基础工作。没有市场调研，产品研发与营销计划和策略的制订就没有依据，也就制订不出切实可行的计划和策略。市场调研提供可作为决策基础的信息，弥补信息不足的缺陷，了解外部信息及市场环境变化，是产品开发与市场营销活动的重要环节。

一、市场调研的步骤

1. 确定市场调研目标

市场调研的目的在于帮助企业准确做出经营战略和营销决策，在市场调研之前，须先针对企业所面临的市场现状和亟待解决的问题，如产品销量、产品寿命、广告效果等，确定市场调研的目标和范围。

2. 确定所需信息资料

市场信息浩若烟海，企业进行市场调研必须根据已确定目标和范围收集与之密切相关的资料，而没有必要面面俱到。纵使资料堆积如山，如果没有确定的目标，也只会事倍功半。

3. 确定资料搜集方式

企业在进行市场调研时，收集资料必不可少。而收集资料的方法极其多样，企业必须根据所需资料的性质选择合适的方法，如实验法、观察法、调查法等。

4. 搜集现成资料

为有效地利用企业内外现有资料和信息，首先应该利用室内调研方法，集中搜集与既定目标有关的信息，这包括对企业内部经营资料、各级政府统计数据、行业调研报告和学术研究成果的搜集和整理。

5. 设计调查方案

在尽可能充分地占有现成资料和信息的基础上，再根据既定目标的要求，采用实地调查方法，以获取有针对性的市场情报。市场调查几乎都是抽样调查，抽样调查最核心的问题是抽样对象的选取和问卷的设计。如何抽样须视调查目的和准确性要求而定。而问卷的设计更需要有的放矢，完全依据要了解的内容拟定问句。

6. 组织实施调研

实地调查需要调研人员直接参与，调研人员的素质影响着调查结果的正确性，因而首先必须对调研人员进行适当的技术和理论训练，其次还应该加强对调查活动的规划和监控，针对调查中出现的问题及时调整和补救。在调查结果不足以揭示既定目标要求和信息广度、深度时，还可采用实地观察和试验方法，组织有经验的市场调研人员对调查对象进行公开和秘密的跟踪观察，或是进行对比试验，以获得更具有针对性的信息。

7. 统计分析结果

对获得的信息和资料进行进一步统计分析，提出相应的建议和对策是市场调研的根本目的。市场调研人员须以客观的态度和科学的方法进行细致的统计计算，以获得高度概括性的市场动向指标，并对这些指标进行横向和纵向的比较、分析和预测，以揭示市场发展的现状和趋势。

8. 撰写调研报告

市场调研的最后阶段是根据比较、分析和预测结果撰写调研报告，一般分为专题报告和全面报告，阐明针对既定目标所获结果，以及建立在这种结果基础上的研发思路、可供选择的行动方案和今后进一步探索的重点。

二、市场调研形式

市场调研大致可分为两种不同的形式或两个不同的阶段，即实地调查和室内调研，又称初级调研阶段和次级调研阶段。

1. 实地调查

实地调查是指企业集中搜集可用于市场分析的第一手信息，通常采用的办法是询问、观察和试验，然后用统计方法汇总和分类信息。实地调查就是运用科学的方法，系统地现场搜集、记录、整理和分析有关市场信息，了解商品在供需双方之间转移的状况和趋势，为市场预测和经常性决策提供正确可靠的信息。

企业自行展开的实地调查，无论对于企业准备、实施或是调整经营战略和经营决策，都是须臾不可缺少的。仅依靠室内调研的结果，就匆忙进行经营决策，往往会有失偏颇。反之，企业自行展开的实地调查，可以利用询问、观察和实验的方法，针对企业在室内调研中没能确认的问题，寻找确凿的答案。这就是说，实地调查可以按照企业的迫切需要进行设计，可以解决企业迫切需要解决的问题，因此是兼具针对性和实用性的市场调研方法。

（1）实地调查范围。包括市场需求调查、消费行为调查、产品调查、价格水平调查、分销渠道调查、竞争对手调查、技术资金调查、市场环境调查、广告媒体调查等。

（2）实地调查对象。包括客户、潜在客户及竞争对手。

（3）实地调查方法。从调查人员与调查对象之间的关系看，可以把实地调查方法分为询问法、观察法、试验法。

①询问法。询问法是利用调查人员和调查对象之间的语言交流来获取信息的调查方法。询问法的特点是，调查人员将事先准备好的调查事项，以不同的方式向调查对象提问，将获得的调查对象反应收集起来，作为市场信息。询问法又可以依据调查人员与调查对象接触方式的不同，分为面谈询问、书面询问和电话询问。面谈询问，即调查人员按照选出的调查样本和规定的访问程序进行的个人面谈或小组面谈，是调查中最常用的方法之一。电话询问，即调查人员按照抽样规定用电话询问调查对象。这种方法的主要优点在于能迅速取得所需信息，调查人员不会对调查对象产生心理"压迫"。书面询问，即将设计的书面材料交与或邮寄给调查对象，请其填写，再收回或寄回。这种方法的主要优点是可以用于样本广泛分布的较大的地域，答复时间相对充裕，调查成本比较低，但各地答案多寡不一，误差较大，调查对象可能误解问题的含义，不适宜询问较多问题，调查时间较长，无法获得观察资料。

②观察法。观察法就是调查人员通过直接观察和记录调查对象的言行来搜集信息资料，这种方法的特点是调查人员与调查对象不发生对话，甚至不让调查对象知道正在被观察，使得调查对象的言行完全自然地表现出来，从而可以观察了解调查对象的真实反应。这种方法的缺点，是无法了解调查对象的内心活动及其他一些可以用询问法获得的资料，如收入情况、潜在购买需求和爱好等。观察法主要用于零售商家了解顾客和潜在顾客对商店商场的内部布局、进货品种、价格水平和服务态度的看法。

③试验法。试验法是目前普遍应用在消费品市场的调查方法。凡是要调查商品品种、品质、包装、价格、设计、商标、广告及陈列方式时，都可以采取试验法。

2. 室内调研

室内调研有两重含义。一是企业搜集、整理和统计企业内外现成信息，这是"调查"的过程；二是企业搜集、整理和统计的企业内外现成信息和有针对性地开展的实地调查结果结合起来，进行统计、分析、预测和利用，以便为企业的经营战略和营销决策提供依据，这是"研究"的过程。

　　企业在进行市场调研时，从成本效益角度考虑，首先要进行的不是实地调查，而是室内研究，以便充分利用企业内外已经存在的信息。以一家纱线生产企业为例，可以先行搜集、整理和分析企业已经掌握的本地区乃至全国纱线市场的信息，以及国家和地方政府统计部门发布的行业市场统计数据，这就是室内研究过程。若仍需要特定的市场信息，再开展对下游面料商的调查。弄清面料发展潮流趋势，以及他们对纱线的需求，由此确定纱线产品的需求状况。这一过程，就是实地调查。

　　(1) 室内调研的步骤。确定信息需求→确定信息内容→分析信息来源→确定收集方法→组织搜集工作→分析调研成果。

　　(2) 室内调研的信息来源。信息来源可以包括企业内部资料、政府统计信息、政府或行业专业出版物、行业统计资料、咨询公司情报、学术研究成果、互联网特别是专业行业网站等。

　　(3) 资料搜集途径。资料搜集的一般途径包括：订购公开出版物；从有关情报机构、信息咨询机构、信息预测部门获取信息资料；国家和上级主管机构发布的各种政策文件、法规、通知、计划等；与有关单位进行资料交换；通过各种经常性联系部门获取有关信息资料；通过各种展会、会议、广告等搜集资料，如上海纱线展、面料展、家纺展、纺织营销高峰会议等；通过企业建立长期的人际关系网搜集所需要的信息等。

　　国际市场信息资料搜集途径包括：出国考察、进修、讲学、参加国际性会议；通过官方与企业驻外机构和经贸信息系统；与国际机构建立信息往来制度，如联合国开发计划署、联合国统计司、世界银行、国际货币基金组织、世界贸易组织、跨国公司中心、欧洲经济共同体，以及许多国家和地区官方、半官方的信息机构；从竞争对手获取信息资料等。

　　以上搜集情报的手段，从道德观念上来评论可能引起争议，但在激烈的市场竞争中，企业利用各种合法的手段去获取所需的信息资料往往是必要的，同时也是合理的。

【任务实施】

　　研发部门经过初步的市场勘察，结合本企业设备资源情况，拟开展具有抗菌功能的多元混纺纱线市场调研，具体制订市场调研方案如下。

任务案例：抗菌功能多元混纺纱线市场调研方案

一、调研背景

　　随着人民生活水平的提高和人们健康环境意识的增强，抗菌纺织品的需求必将构成潜在的巨大市场，抗菌纺织品的生产将成为一个新兴的重要的产业领域。欧美纺织品市场行情显示，为了以更多的卖点参与市场的激烈竞争，一些著名公司纷纷把抗菌纺织品和服装作为新型织物推向市场，并取得了很好的市场业绩。这些公司包括意大利的 Texapel 公司、美国的 Nipkow & Kobelt 公司，日本的一些高科技纺织公司也争先恐后推出抗菌纺织品及服装，如儒鸿企业股份有限公司主要推出的透气抗菌织物，以迎合年轻服装设计师和运动服公司。保护自然、珍爱生命、科学预防、科学减少疾病是世界健康的主流，开发生产抗菌纺织品必将产生良好的经济效益和社会效益。

抗菌功能纱线具有功能持久、终端产品开发面广的特性，是抗菌纺织品的重要原料。当前，经济在高速增长，科技也在高速发展，抗菌功能纱线是环保和健康产品，它的全面应用可将医疗保健模式从事后治疗转变为事前预测和预防。抗菌功能纱线对提高我国卫生保健水平和降低公共环境交叉感染具有重要作用，市场广阔，发展空间很大。

二、调研目的

（1）调研抗菌功能多元混纺纱线市场的行业现状。

（2）调研抗菌功能多元混纺纱线核心生产管理技术及产品应用情况。

三、调研内容

1. 行业现状

（1）抗菌多元混纺功能纱线的相关行业政策、抗菌性能评价标准。

（2）本省及附近地区抗菌多元混纺功能纱线的主要生产厂商及竞争力情况。

（3）抗菌多元混纺功能纱线的主要客户群及市场销售情况。

（4）抗菌多元混纺功能纱线的商品名称、售价情况。

2. 核心生产管理技术及产品应用

（1）抗菌多元混纺功能纱线原料的种类、常用混纺比、原料市场价格。

（2）抗菌多元混纺功能纱线核心生产与管理技术。

（3）抗菌多元混纺功能纱线的流行与发展趋势。

（4）抗菌多元混纺功能纱线的应用情况。

四、调研范围

（1）各大行业平台网站，相关政府部门、主要行业协会网站、主要竞争对手网站。

（2）中国知网、万方数据库相关文献资料。

（3）行业展销会、订货会、产品鉴定会、学术交流会等等。

（4）竞争对手与潜在客户群公司。

五、调研方法

1. 询问法

深入竞争对手和潜在客户群内部进行面谈询问，围绕产品品种信息、销售情况、售价情况、核心生产技术、应用需求、流行趋势等问题展开调研。在面谈前准备好讨论的议题和主要内容。

2. 观察法

通过参加行业展销会、订货会、产品鉴定会、学术交流会，观察该类新产品开发思路、流行趋势、核心生产技术、竞争对手综合实力等等。

3. 资料搜集法

在各大行业平台搜集近一年相关产品供求信息、市场报价情况；在主要行业协会和相关政府部门网站搜集相关行业政策及质量评价标准信息；在主要竞争对手网站收集和各大行业平台搜集产品品种信息、售价信息、宣传渠道和方法信息等；在学术网站搜集相关产品类别、功能原理、混纺成分及比例、核心生产技术、应用等生产技术资料。

六、调研对象及样本确定

1. 现场询问

分别联系本地区有影响力的竞争对手和潜在客户 5~10 家进行现场询问。

2. 观察法

参加下一季度大型纱线博览会或展销会。如近期无相关产品鉴定会、学术交流会，可邀请相关方面的专家进行个别访谈，了解他们对该类产品情况的判断，可作为重要参考。

3. 资料搜集法

搜集近一年内的相关产品信息。

七、调研程序及进度安排

4月1日~4月3日：制订调研方案。

4月4日~4月8日：调研前准备，设计调研内容，培训相关调研成员。

4月9日~4月15日：实施调研。

4月16日~4月21日：汇总调研信息，整理分析，撰写调研报告。

八、调研经费预算

（1）文件印制费：××元。

（2）交通费、住宿费、误餐费：××元。

（3）专家咨询费：××元。

（4）其他费用：××元。

九、调研团队成员工作分配

总负责人：××。

现场询问组负责人：××；成员：××、××。

专家咨询负责人：××；成员××。

观察组负责人：××；成员：××、××。

资料搜集组负责人：××；成员：××、××、××、××。

信息处理负责人：××。

报告撰写负责人：××。

【课外拓展】

（1）讨论如何有效获取竞争对手相关技术信息。

（2）讨论专家访谈对于产品开发决策的意义。

（3）公司现拟开发一款高档婴幼儿内衣面料用纱线，试据此制订一份市场调研方案并开展相关调研工作。

➢ 【课中任务】

任务二　产品市场调研报告

【任务导入】

市场调研报告是提供给纱线产品开发决策者的关键文件，所述结论必须基于客观现实，所述内容必须同时兼具准确性、及时性、针对性、系统性、规划性和预见性。市场调研报告的撰写轻则影响企业单项产品的投资回报率，重则影响企业的发展方向和命运，不可马虎或凭臆想和猜测。

本任务中，需要在收集前期市场调研数据信息的基础上，整理并完成《关于抗菌功能多元混纺纱线的市场调研报告》。要求对抗菌功能多元混纺纱线的市场行情做出准确的剖析，对其核心生产技术有正确把握，同时对公司下一步的研发计划提出合理性的建议。

【知识准备】

市场调研报告是在对目标市场了解、分析及研究的基础上做出的，供企业经营管理者或者是相关机构负责人参考，因此，在撰写市场调研报告时，要言简意赅、条理清晰。调研报告是方法、手段，一定要通过翔实的资料和分析为决策者提供依据。

撰写市场
调研报告

特别要注意的是，对调研结果进行统计、分析和预测后所获得的信息，要达到如下要求：

（1）准确性。对于市场的调查必须坚持科学的态度、求实的精神，客观地反映事实。要认真鉴别信息的真实性和可靠性，要求做到信息的根据充分、推理严谨、准确可靠。

（2）及时性。任何市场信息，重要的情报，都有极为严格的时间规定性。所以市场调研必须适时提出，迅速实施，按时完成，其所得信息情报要及时利用。

（3）针对性。市场信息多如牛毛，不可能面面俱到，所以市场调研首先要明确目的。根据目的的要求，有的放矢，以免事倍功半。

（4）系统性。市场信息在时间上应有连贯性，在空间上应有关联性，随着时、空的推移和改变，市场将发生日新月异的变化，信息也将不断扩充。企业对市场调研的资料加以统计、分类和整理，并提炼为符合事物内在本质联系的情报，而不是一个"杂烩"。

（5）规划性。市场信息面广量大，包罗万象，因此，要做好信息管理工作，就得加强计划性。既要广辟信息来源，又要分清主次，突出重点；既要持之以恒，又要注意经济效益；既要充分利用各方面的力量，又要有专业化的组织和统一管理。

（6）预见性。市场信息的搜集和整理，既要满足当前经营决策的需要，又要分析变化的未来趋势，预见今后的发展。

一、市场调研报告格式

市场调研报告的格式一般由：标题、目录、概述、正文、结论与建议以及附件等几部分组成。

1. 标题

标题一般应打印在扉页上和报告日期、委托方、调查方在同一页，标题应把被调查单位、调查内容明确而具体地表示出来，如《关于长三角地区色纺纱市场的调研报告》。有的调研报告还采用正、副标题形式，一般正标题表达调查的主题，副标题则具体表明调查的单位和问题。

2. 目录

如果调研报告的内容较多，为了便于阅读，应使用目录或索引形式列出报告所分的主要章节和附录，并注明标题、有关章序号及页码，一般来说，目录的篇幅不宜超过一页。

3. 概述

概述主要阐述调研的基本情况，它是按照市场调查课题的顺序将问题展开，并阐述对调查的原始资料进行选择、评价、给出结论、提出建议的原则等。主要包括三方面内容：

第一，简要说明调查目的。即简要地说明调查的由来和委托调查的原因。

第二，简要介绍调查对象和调查内容，包括调查时间、地点、对象、范围、调查要点及所要解答的问题。

第三，简要介绍调查研究的方法。介绍调查研究的方法，有助于使人确信调查结果的可靠性，因此对所用方法要进行简短叙述，并说明选用方法的原因。例如，是用抽样调查法还是用典型调查法，是用实地调查法还是文案调查法，这些一般是在调查过程中使用的方法。另外，在分析中使用的方法，如指数平滑分析、回归分析、聚类分析等方法都应作简要说明。如果部分内容很多，应有详细的工作技术报告加以说明补充，列于市场调研报告最后的附件中。

4. 正文

正文是市场调查分析报告主体部分。这部分必须准确阐明全部有关论据，包括问题的提出到引出的结论，论证的全部过程，分析研究问题的方法，还应有可供市场活动的决策者进行独立思考的全部调查结果和必要的市场信息，以及对这些情况和内容的分析评论。

5. 结论与建议

结论与建议是撰写综合分析报告的主要目的。这部分包括对引言和正文部分所提出的主要内容的总结，提出如何利用已证明为有效的措施和解决某一具体问题可供选择的方案与建议。结论和建议与正文部分的论述要紧密对应，不可以提出无证据的结论，也不能没有结论性意见的论证。

6. 附件

附件是指调研报告正文包含不了或没有提及，但与正文有关必须附加说明的部分。它是对正文报告的补充或更详尽说明。包括数据汇总表及原始资料背景材料和必要的工作技术报告等，例如为调查选定样本的有关细节资料及调查期间所使用的文件副本等。

二、市场调研报告的内容

市场调研报告的主要内容有：第一，说明调查目的及所要解决的问题。第二，介绍市场背景资料。第三，分析的方法。如样本的抽取，资料的收集、整理、分析技术等。第四，调研数据及其分析。第五，提出论点。即摆出自己的观点和看法。第六，论证所提观点的基本理由。第七，提出解决问题可供选择的建议、方案和步骤。第八，预测可能遇到的风险、对策。

三、市场调研报告的撰写技巧

撰写调研报告的技巧主要包括表达的技巧、图标运用的技巧等。其中表达的技巧包括叙述的技巧、说明的技巧、议论的技巧、语言运用的技巧等。

1. 叙述的技巧

叙述主要用于市场调查报告的开头部分，叙述事情的来龙去脉，表明调查目的和根据，调查的过程和结果。调查报告常用的叙述技巧有：概括叙述、按时间顺序叙述。

概括叙述是将调查过程和情况概略地陈述，不需要对事情的细节加以说明，这是一种

"浓缩型"的快节奏叙述，文字简约，一带而过，给人以整体和全面的认识，以适合市场调研报告快速及时反映市场的需要。按时间顺序叙述是在叙述调查的目的、对象、经过时，往往采用时间顺序叙述方法，次序井然，前后连贯。

2. 说明的技巧

常用的有数字说明、分类说明、对比说明和举例说明等。

数字说明，反映市场变化发展情况的市场调研报告需要大量的数据，以增强调查报告的精确性和可靠性。分类说明，市场调研中所获资料杂乱无章，根据主要表达的需要，可将调查数据资料按一定标准分为几类，分别说明。对比说明，市场调研报告中有关情况、数字说明，往往采用对比形式，以便全面深入地反映市场变化的情况，对比要清楚事物的可比性，在同标准的前提下，做切实际的比较。举例说明，为说明市场发展变化情况，举出典型事例，这也是常用的方法。市场调查中，会遇到大量事例，应从中选取有代表性的例子。

3. 议论的技巧

市场调研报告常用的议论技巧有归纳论证和局部论证。归纳论证，市场调查报告在拥有大量材料之后，经过分析研究，得出结论，从而形成论证，这一过程主要运用议论方式，所得结论是从具体事实中归纳出来的。局部论证，市场调研报告不同于议论文，不可能全篇论证，只是在情况分析和对未来预测中作局部论证。

4. 语言运用的技巧

语言运用的技巧主要包括用词方面的技巧。在用词方面，市场调查报告中的数词用得比较多，因为市场调研离不开数字，很多问题需要用数字说明。可以说数词在市场调研报告中以其独特的优势，越来越显示其重要作用。此外，还经常使用专业词汇，以反映市场的发展变化。为使语言表达准确，撰写调研报告者还须熟悉市场有关专业术语。

5. 图标运用的技巧

市场调研报告中合理运用图表可以有效表达数据资料。成功运用图表的关键在于清晰简洁地表达报告所要传达的信息。图表的选择应适合数据的表述目的。一般图表包括：表格、饼形图、柱状图、三维分布图、流程图和照片等。

【任务实施】

收集前期市场调研数据信息，整理并完成"关于抗菌功能多元混纺纱线的市场调研报告"。

任务案例：关于抗菌功能多元混纺纱线的市场调研报告

一、概述

我国自 20 世纪 80 年代开始进行抗菌纺织品的研究与应用。抗菌纺织品发展至今，主要分为两大类：一类是经后整理加工而成的抗菌纺织品，由于其工艺简单、抗菌剂选择余地大、适用性广等特点而得到广泛应用。但此类抗菌纺织品在应用中也凸显出许多问题，如抗菌效果持久性、溶出物对人体的安全性等问题。另一类是由抗菌纤维纺成纱线，进而制成的抗菌纺织品，与后整理抗菌纺织品相比，抗菌纤维制品显示出更大的优势，具有抗菌性能优良、持久性（耐洗性）、安全性高并使用舒适的特点。

1. 抗菌纤维概述

抗菌纤维是采用物理或化学方法将具有能够抑制细菌生长的物质引入纤维表面及内部，抗菌剂不仅要在纤维上不易脱落，而且要通过纤维内部平衡扩散，保持持久的抗菌防臭效果。目前，抗菌纤维大致分为天然抗菌纤维和人工抗菌纤维两大类。

（1）天然抗菌纤维。天然抗菌纤维是指本身具有抗菌功能的天然纤维。其中抗菌作用强，具有线性大分子结构，成纤性好的有甲壳素与壳聚糖纤维、麻纤维和竹纤维等。

①甲壳素与壳聚糖纤维。甲壳素是一种天然生物高分子聚合物，又称甲壳质、几丁质，是一种特殊的纤维素，广泛存在于低等植物菌类、藻类的细胞，节肢动物虾、蟹和昆虫的外壳，贝类、软体动物的外壳和软骨中。壳聚糖具有优良的抗菌性能，甲壳素/壳聚糖纤维对大肠杆菌、枯草杆菌、金黄色葡萄球菌、乳酸杆菌等常见菌种具有很好的抑菌作用，甲壳素/壳聚糖纤维制成的医用敷料，可以使肉芽新生，促进伤口愈合；临床上具有镇痛、止血的功效。甲壳素纤维具有优秀的抗菌性能，有文献资料显示，当甲壳素纤维混纺比为8.5%时，其对金黄色葡萄球菌的抑菌率就可达到65.54%，对大肠杆菌的抑菌率就可达到63.09%。

②麻纤维。麻纤维如苎麻、大麻、亚麻、罗布麻等都具有天然抗菌和抑菌防臭功能，属于天然的绿色环保纤维。麻纤维具有一定的保健功能，制成的织物舒适、透气，具有抑菌性能，兼具抗紫外线和防静电的功能。麻纤维不仅普遍含有抗菌性的麻甾醇等有益物质，不同的麻纤维含有不同的有助于卫生保健的化学成分。比如，苎麻纤维含有酚类化合物、苎麻碱、单宁、木质素等成分，对金黄色葡萄球菌、大肠杆菌有一定的抑制作用；大麻纤维中的大麻酚类物质在抗菌功效发挥中起到了关键作用，它可以通过阻碍霉菌代谢作用和生理活动，破坏菌体结构，最终导致微生物的生长繁殖被抑制，使菌体死亡；亚麻能散发出对细菌的生成有很强抑制作用的香味，同时，纤维的色素中含有单宁，可使蛋白质、生物碱沉淀，具有抗菌作用；罗布麻含有多种药用化学成分，其中黄酮类化合物、甾体、鞣质等酚类物质、麻甾醇、蒽醌等均有不同程度的抗菌性能。

③竹纤维。竹纤维的抗菌性是因为纤维中含有天然抗菌成分"竹醌"。人们生活中大部分细菌都是阴性的，而竹纤维中的醌是阳性的，当它们相遇时就会"阴阳相克"，并且醌还能破坏细菌的细胞壁，使细菌的生存能力减弱，从而减少细菌的数量。含阳性"竹醌"的竹纤维尤其适合于预防妇科疾病，可广泛应用于女士内衣裤及卫生用品的加工制作中。

（2）人工抗菌纤维。人工抗菌纤维是在无抗菌功能的纤维中添加抗菌剂，使其成为具有抗菌功能的纤维。人工抗菌纤维的加工方法有共混纺丝法、复合纺丝法、接枝改性法、离子交换法、湿纺法和后整理法等。

①共混纺丝法。共混纺丝法主要是针对一些没有反应性侧基的纤维，如涤纶、丙纶等，在纤维聚合阶段或纺丝原液中将抗菌剂加入纤维中，用常规纺丝设备进行纺丝，制得具有抗菌效果的纤维。该方法一直是开发功能性纤维的主要手段，其优点是能够将抗菌剂均匀分布在纤维中，所制得的纤维抗菌性能稳定、持久。但此法所采用的抗菌剂一般需耐高温，与聚合物的相容性要好，分散性要符合纺丝的要求。共混纺丝法主要有母粒法和改性切片法。

母粒法是将少量聚合物切片与抗菌剂混合，制成抗菌母粒，然后将抗菌母粒与聚合物切片混合纺丝。该方法的优点是抗菌剂的分散效果好，母粒中抗菌剂的浓度高，但其加工工艺流程长，切片特性黏度较大，生产成本较高。

改性切片法是指在聚合过程中将抗菌剂均匀地分散在聚合体系中，制得抗菌聚合物切片，用切片纺丝得到抗菌纤维。改性切片较常规切片的熔点低，干燥过程中要适当降低温度，延长干燥时间，以避免切片黏结。

②复合纺丝法。复合纺丝法是利用含有抗菌成分与其他不含抗菌成分的纤维通过复合纺丝组件制成皮芯型、并列型、镶嵌型、中空多芯型等结构的抗菌纤维。与共混纺丝法相比，复合纺丝法具有抗菌剂的用量少，减少了抗菌剂的引入对成品纤维的物理力学性能影响的优点，但其喷丝板加工难度大，生产成本较高。

③接枝改性法。接枝改性法是通过对纤维表面进行改性处理，进而通过配位化学键或其他类型的化学键结合具有抗菌作用的基团，使纤维具有抗菌性能的一种加工方法。用该法制备抗菌纤维，需先对纤维的表面进行处理，使纤维表面产生可与抗菌基团化合物进行接枝的作用点，再将带有抗菌基团的化合物与处理后的纤维结合，从而制得抗菌纤维。该方法的优点是产品抗菌效果好，杀菌速度快、耐久性好、安全性高，缺点是可供选择的抗菌基团种类有限，反应条件严格。

④离子交换法。离子交换法是采用具有离子交换基团（如磺酸基或羧基）的纤维，通过离子交换反应而使纤维表面置换上一层具有抗菌性能的离子（一般为 Ag^+、Ag^+/Cu^{2+} 或 Ag^+/Zn^{2+} 的混合物）。据报道，这种方法制得的纤维，由于金属离子与纤维的离子交换基团形成了离子键，所以它具有持久的抗菌效果。

⑤湿纺法。湿纺法是将合适的抗菌剂在有机溶剂中溶解后加入纺丝原液中，经过湿纺制得具有抗菌性的纤维。所制得的抗菌纤维属溶出型抗菌方式，即在使用中抗菌剂不断扩散到纤维表面，从而具有抗菌的效果。目前，此法一般用于抗菌聚丙烯腈纤维的制造，适用于此法的抗菌剂多为无机类，如银、铜等金属离子。

⑥后整理法。后整理法是采用抗菌液对纤维进行浸渍、浸轧或涂覆处理，通过高温焙烘或其他方法将抗菌剂固定在纤维上的方法。常用方法有表面涂层法、树脂整理法、微胶囊法等。后整理法无须大的设备投资，加工方便，可选择的抗菌剂范围广泛，可以处

理各类纤维，特别是天然纤维。但该方法所制得的抗菌纤维不耐洗涤，抗菌持久性不好。

2. 抗菌功能纱线概述

抗菌功能纱线根据选用原料、混纺比、纺纱方法等的不同，分为多个品种和类别，其抗菌功能也各不相同，并被广泛应用于多种纺织品中。

（1）原料。目前市场上较为常见的抗菌纤维原料来自天然原料的竹纤维、麻纤维、甲壳素纤维等，以及通过各种加工方法添加人造抗菌剂的人工抗菌纤维，如镀银纤维、抗菌涤纶、抗菌黏胶、抗菌腈纶等。其中，竹纤维是应用最为广泛的抗菌纤维原料之一。根据选用原料的不同，可以将抗菌功能纱线分为三类。

①纯纺抗菌功能纱线。采用单一抗菌纤维纺制的纱线，常见的有竹纤维纱、麻纤维纱、抗菌涤纶纱、抗菌黏胶纱等。此外，具有抗菌功能的长丝纱也较为常见。考虑到生产成本、工艺纺制难度及成品面料的使用性能等因素，纯纺的抗菌功能短纤纱一般不会成为客户的首选。

②多组分混纺抗菌功能纱线。抗菌功能纱线多为双组分或多组分混纺纱，常见的主要混纺原料有棉、黏胶纤维、竹纤维等，其混纺原料的选择主要考虑产品的最终用途。抗菌短纤纱多用于贴身服装及家用、医用纺织品领域，因此产品的亲肤性能显得尤为重要，棉和黏胶等纤维具有较好的穿着舒适性，且具有良好的物理化学性能，是生产抗菌功能纱线的良好选择。

③组合抗菌功能纱线。抗菌纤维结合了其他功能纤维原料生产具有组合功能的纱线制品，如14.8tex抗菌抗紫外纱线，原料选用20%新疆棉、50%抗菌涤纶、30%抗紫外黏胶纤维。也有采用的抗菌纤维本身具有其他功能，如抗菌吸湿排汗纤维、抗菌中空纤维、抗菌护肤保健纤维（如薄荷黏胶纤维）、抗菌抗静电防辐射纤维（如锦纶镀银纤维）等。

（2）纺纱方法。抗菌功能纱线可以和普通纱线一样，选择不同的纺纱方法进行纺制。由于该类纱线一般生产中高端纱线产品，对纱线条干、强力、毛羽等有较高的要求，常采用传统环锭纺工艺，结合赛络纺、紧密纺、包芯纺等技术，9.8tex、7.3tex及以下的细支纱有时也被制成股线后使用。

（3）抗菌纺织品的主要应用。国内外抗菌卫生纺织品的应用范围日益广泛，在纺织品中所占比例也逐渐增大，其主要应用有如下几个方面。

①抗菌医护用品。用抗菌织物制成手术服、医用缝合线、绷带、纱布、口罩、拖鞋、护士服、病员服等，可以大幅降低医院的细菌浓度。如用65%掺沸石抗菌纤维和35%棉纺制成的抗菌织物，经抗菌试验表明，该织物对金黄色葡萄球菌、大肠杆菌、肺炎杆菌、沙门氏菌、枯草杆菌、黑霉、青霉等多种细菌具有抗菌性，洗涤50次后该织物对肺炎杆菌的灭菌率为74%，洗涤150次后灭菌率仍可达到69%。

②抗菌服装及家用纺织品。抗菌织物可广泛用于内衣面料及贴身服装，特别是女士及

婴幼儿内衣面料，如竹纤维制品对于预防女性妇科病效果显著。各种家用纺织品如床单、被罩、毛巾、抹布、布艺装饰品等，也开始使用抗菌织物。用抗菌织物制成的床单、被罩能有效抑制和灭杀多种致病菌，对多种湿疹、皮炎、褥疮、去除汗臭及预防交叉感染等具有特殊作用。

③抗菌产业用纺织品。如帐篷、地毯、广告布、遮阳布、过滤布、各类军用布、绳带、布袋等产业用纺织品，也已开始使用抗菌织物。如使用抗菌织物制成的过滤介质，可以使一些物质经过滤后细菌不增加、不繁殖，甚至减少；使用抗菌纤维增强水泥制成的抗菌混凝土，常用于医院病房、动物园围墙等细菌较多且容易繁殖的地方。在汽车行业，使用抗菌织物制成汽车内部装饰布，可获得全新概念的抗菌汽车，这对于汽车驾驶员，尤其是出租车驾驶员非常有意义。另外，食品制药行业的食品覆盖布、工作服等都已开始使用抗菌织物。

二、市场行情

1. 市场销售情况

抗菌功能纱线属于功能性纱线的一个分支，是一个新兴的产业领域，因其特殊的功能特性目前占据特有的市场领域。随着人们生活水平的提高和健康意识的增强，对于抗菌功能纺织品的需求势必构成巨大的潜在市场。

2. 竞争对手情况

普通的抗菌功能多组分混纺纱线其生产技术难度不高，如竹纤维混纺纱、甲壳素混纺纱等等，该类纱线的供应商之间竞争激烈，不仅国内大型棉纺企业具备其生产能力，很多中小型纱线生产企业更能提供有竞争力的价格。根据 2021 年江苏省统计年鉴，规模以上纺织企业数量多达 7200 家，从纺织行业的整体规模来看，江苏省的纺织产业在全国具有领先地位。例如，苏州市、无锡市、南通市的高端纺织集群入选了国家级先进制造业集群，市场竞争趋于饱和。目前市场上专门生产抗菌功能纱线的企业较为少有，多为生产特种纱线或功能性纱线的新型企业。本省及周边地区，具有抗菌功能纱线生产能力的企业较多，但在生产技术水平、生产规模、品牌形象等方面形成直接竞争的企业为数不多，有较强竞争力的对手包括 A 公司、B 公司及 C 公司。A 公司多年来具有绝对市场竞争力的产品为纯棉高支纱，在混纺纱领域，特别是多组分混纺纱领域涉足较少，但其品牌形象较好，一旦涉足该产品，将产生较大竞争力。B 公司主要生产涤棉、粘棉系列混纺纱，产品主要为中至中细特纱，具有较强的直接竞争关系。C 公司以生产各类小批量高品质色纺纱线而著名，技术力量雄厚，常年涉及多组分纤维混纺纱线，但目前尚未涉及抗菌类功能色纺纱的生产。

3. 潜在客户群情况

抗菌功能纱线可广泛用于服装、家用纺织品、医护用品及相关产业用纺织品领域，产品主要面向下游特种面料或功能面料企业。

4. 原料与成纱价格行情

目前市场较为常见的抗菌纤维及其纱线制品的参考报价见表 3-1，从表 3-1 中可以看出，不同品种的抗菌纤维价格差异较大。其中，镀银纤维价格相对较高，其纱线制品也相对较高，与其他抗菌纤维相比，其产品附加值较高，镀银纤维还具有良好的防辐射性能，是孕妇防辐射服装的主要原料之一。在所有抗菌纤维中，竹纤维应用最为广泛且价格相对较低。大部分抗菌纤维的纱线制造成本较为接近。

表 3-1　常见抗菌纤维及其纱线制品的市场参考报价

抗菌纤维品种	抗菌纤维参考报价/（元/t）	抗菌功能纱线品种	线密度/tex	纱线参考报价/（元/t）
新疆棉（对比样）	16200	100%新疆棉	14.8	28000
新疆棉（对比样）	16200	60%新疆棉，40%涤纶	14.8	24100
竹纤维	15500	30%新疆棉，70%竹纤维	14.8	24500
甲壳素纤维	49500	90%新疆棉，10%甲壳素	14.8	45000
亚麻	20000	45%长绒棉，55%亚麻	14.8	66000
锦纶镀银纤维	980000	47%长绒棉，47%竹纤维，6%锦纶镀银	9.8	149000
锦纶镀银纤维	980000	42%长绒棉，43%木代尔，15%银纤维	29.5	255000
抗菌涤纶	26000	65%新疆棉，35%抗菌涤纶	14.8	35000
抗菌黏胶纤维	45000	60%抗菌黏胶纤维，40%新疆棉	18.5	46000
抗菌腈纶	57000	70%竹纤维，30%抗菌腈纶	14.8	39000

注　数据参考 2017 年中国纱线网信息。

三、生产技术现状

1. 质量标准与测试方法

抗菌纺织品的最重要的性能指标是抗菌性。测试抗菌性时，要求培养基浓度、温湿度、pH 及试验时间与穿衣条件相一致，实验仪器应为微生物实验常用仪器，且对任何形状的纺织材料都能测试。抗菌性的测试方法中，发展较早的是日本和美国，最有代表性且应用较广的是美国的美国纺织染色家和化学家协会（American Association of Textile Chemists and Colorists，AATCC）试验法和日本的工业标准。国内使用较多的评价方法一般都是参照 AATCC 标准和日本 JAFET（日本纤维制品新功能协议会）批准的"SEK"标志认证标准的方法。此外各国都先后制定了相关的质量标准，日本工业标准调查会（JISC）于 2002 年颁布、2015 年修订了 JIS L1902《纺织制品抗菌活性和效率的测试》标准，德国标准化学会（DIN）于 2005 年颁布了 DIN EN ISO 20645：2005《纺织织物 抗菌活性的测定 琼脂扩散木片试验》标准，国际标准化组织（ISO）于 2007 年颁布、2021 年修订了 ISO 20743《纺织材料 抗菌整理产品抗菌活性的测定》标准，英国标准学会（UK-BSI）于 2007 年颁布、2021 年修订了 BS EN ISO 20743《纺织材料 抗菌成品抗菌活性的测定》标准，法国（FR-AFNOR）于 2007 年颁布、2013 年修订了 NF G39-020《纺织材料 抗菌成品抗菌活性的测定》标准。

我国分别于 2007 年和 2008 年颁布了 GB/T 20944.2—2007《纺织品 抗菌性能的评价 第 2 部分：吸收法》和 GB/T 20944.3—2008《纺织品 抗菌性能的评价 第 3 部分：振荡法》质量标准，用于羽绒、纤维、纱线、织物以及特殊形状的制品等各类纺织产品的抗菌性能评价。但是抗菌性能评价的方法和标准还远未做到系统、统一、规范，尤其是抗菌纺织品的性能评价和产品规范在我国尚有部分问题不明确，只能做到简单的定性检测。

2. 关键工艺技术

（1）混纺比的选择。混纺比的选择不仅涉及纱线直接生产成本、纱线的最终舒适性，也关系到纱线抗菌功能的优劣，根据最新的国家标准 GB/T 20944.3—2008 要求，纺织品抑菌率达到 70% 以上才可以被认定为具有抗菌功能，然而考虑到生产成本、穿着舒适性、面料外观品相等诸多因素，一般采用的抗菌纤维混纺比较小。

在目前市场销售的抗菌纤维中，镀银抗菌纤维的抗菌性能最佳，有文献资料显示，镀银纤维在 60min 内可杀灭 99% 以上的细菌，其在纱线或织物中的混纺比达到 5%~10% 即可实现较好的抑菌功能。其次是甲壳素纤维，其在混纺纱中的混纺比达到 10%~15% 即可实现一定的抑菌功能。而对于竹纤维、抗菌涤纶等其他抗菌纤维来说，其混纺比要达到 30% 以上才能获得较为理想的抑菌率。

（2）工艺过程的控制。部分抗菌纤维的可纺性并不理想，如甲壳素纤维摩擦系数小，纤维间抱合力较低，且纤维强力低易断裂；苎麻纤维粗硬、无卷曲、成网性差；竹纤维吸放湿速率较快，生产过程中容易绕皮辊、绕罗拉；抗菌涤纶易起静电等。需要在纺前对纤维进行预处理，纺纱过程中应重点关注梳理工艺，调配合适的后纺工艺，控制恰当的车间温湿度，以保证纱线品质。

四、结论与建议

1. 主要结论

（1）普通抗菌功能纱线市场已趋于饱和，利润空间较小，特种抗菌纱线、组合功能的抗菌功能纱线仍有较大的发展空间。

（2）抗菌功能纱线占据特定领域的纱线市场，且具有较大的发展潜力，产业链结构完整，下游企业众多。

（3）抗菌功能的短纤纱多为双组分或多组分混纺纱，主要混纺原料有棉、黏胶纤维、竹纤维等，抗菌纤维含量大于30%时抗菌效果显著，常见的抗菌功能纱线抗菌纤维含量为30%~70%。

2. 产品开发建议

（1）企业应朝向品种多元化方向发展，注重自然、健康、绿色环保等理念，开发多元功能性纱线品种。

（2）抗菌功能纱线应朝向功能多元化、品质高端化方向发展，结合纱线最终用途的需求，科学设计和生产纱线。

【课外拓展】

试根据高档婴幼儿内衣面料用纱线调研结果，撰写一份市场调研报告。

任务三　多元组分纱线设计

【任务导入】

纱线是纺织终端产品的核心原料，在纱线新产品设计的过程中，首先要重点考虑终端用户的实际需求，同时注重人性化的设计，以提升用户的体验感和满意度。当然，如果要取得市场的有力竞争地位，产品设计还要具有更高的高度和更加深远的立意。例如近年来火遍网络的非遗技艺及国潮文化，无疑成为纺织新产品开发的新风向。

近年来，人们对于纺织品的需求更加聚焦于其健康舒适性。本任务中，学生将尝试立足全国乃至全球市场，结合前期市场调研情况，设计一款高档抗菌功能纱线，要求纱线用途明确，产品功能设计、风格设计、品种规格设计及原料选用紧扣主题，设计科学，工艺可行，公司具备充足的软硬件资源条件，产品具有良好的市场发展前景。

【知识准备】

一、设计意图的确认

在市场调研前，首先对要设计的市场流行纱线的大致品种进行初步确定，经过市场调研，在熟悉相关产品市场环境的情况下，对初期设计进行适当的调整，并进一步确认纱线设计的具体意图。完整的纱线设计应包括产品的最终用途、功能特性、产品风格、品种规格、原料选用、核心工艺等。

对于功能性纤维纱线来说，其目标市场应定位于特殊职业领域或中高端纺织品市场，一般多为两组分或多组分混纺纱线，原料及混纺比例选取

纱线产品设计

严苛，结合不同纤维的优点，打造更加符合设计用途的高品质纱线产品。

1. 用途设计

产品的最终用途应明确具体的应用领域，如夏季牛仔布用纱、婴幼儿秋冬内衣针织面料用纱、春夏防静电职业装面料用纱等。

2. 功能设计

功能特性是指该产品应具有的特殊功能，注意并不是随意添加少量功能性纤维原料就可称为功能性纱线，其最终制品必须满足一定功能性指标要求。一款功能性纱线可以同时兼具一项、两项甚至多项功能，依据具体的设计而定，一般多为 1~2 项不超过 3 项，否则将大大增加工艺设计和生产管理的难度。

3. 产品风格设计

相同用途和功能要求的纱线，其产品风格往往大相径庭，在进行产品设计时，设计人员根据市场需求、企业生产情况、设备情况、主观喜好等多种因素综合考虑决定产品的风格，产品的风格特征强调手感、光泽、色泽等信息，如轻薄柔滑丝光、粗犷羊毛质感、棉感中厚柔软等。

4. 品种规格

品种规格是指纱线的具体品类和线密度，纱线品类是指采用何种纺纱技术，如紧密纺纱、包芯纱、竹节纱、OE 纱、涡流纱等，部分品种还需强调针织用纱或机织用纱。棉纺系统中线密度规格一般用特克斯（tex）或英制支数（英支）来表示；当纱线中包含有长丝时，长丝部分一般用特克斯（tex）、分特克斯（dtex）或旦尼尔（旦）来表示。根据设计需要还需增加其他主要工艺，如强捻纱、弱捻纱等。

5. 原料选用

原料选用应包括原料的具体种类、长度、细度等规格要求，品质要求，色泽色彩要求等，要求较高的企业甚至对原料的供应商也有特定要求。此外，还应包括各原料的成分配比。对于已经获得订购合同的产品还应核算各原料用量，以便原料仓储部门适时调配到位。而尚处于开发阶段的试验产品则根据需要领取适量原料即可。

多组分混纺纱线原料选用应重点关注各原料间的性能差异，原料性能差异越大，纺纱工艺难度越大。在考虑搭配原料的纺纱性能时，应重点关注纤维间长度、细度、强力、伸长、抱合力、吸湿等性能差异。

6. 核心工艺

核心工艺是指本产品区别于普通纱线品种的特殊工艺，如多组分混纺纱线，其混纺比如何实现，如间色效果的色纺纱采用何种混色工艺等。并不是所有纱线产品设计都需要交代产品的核心工艺，根据具体的纱线品种就实际情况而定。

二、纱线开发的可行性分析

纱线的设计要想获得成功，绝不能是空中楼阁，必须要建立在切实可行的基础之上，新型纱线产品开发的可行性是建立在对企业设备资源、技术资源、管理资源等分析基础之上的，是结合企业内部资源总体情况的客观判定。当然，同时还必须满足一定的投资回报率，新产品开发才能够获得应有的意义。

可行性分析

1. 设备资源分析

分析设计纱线产品对生产设备的需求，重点关注设备套台数和技术改造需求。

（1）设备套台数。首先要考虑所需设备在企业内部是否已有，设备状态是否正常；其次，由于多组分混纺纱线在前纺阶段通常是分开的，这就需要不同原料有不同的套台数以供生产所需，而对于色纺纱产品，则需要分色管理的套台数。

（2）技术改造需求。某些特殊品种纱线需要对传统环锭纺纱进行技术改造，如紧密纺、段彩纺、竹节纺等，如果为了单个品种要求企业进行技术改造显然成本代价太高，一般需首先考虑企业内是否已有相应的改造技术，如果没有是否可以修改为其他技术。

2. 技术资源分析

结合以往开发经验，对于设计纱线的生产技术难度，研发人员应该给出合理的判定，以便在后期产品报价的过程中给出合乎市场情况的价格。新型纱线生产企业对于产品开发人员、工艺设计人员、设备维护人员要求较高，因为新型纱线通常具有小批量多品种的生产特点，车间内经常更换品种，这对技术人员来说是巨大的挑战。企业是否有足够实力的技术团队，能够及时高效地完成及完善新产品的生产工艺，是需要重点关注的问题。

3. 管理资源分析

经常性地翻改新的品种对于企业运转管理部门的压力也很大，不同品种的分色、分片管理耗费大量的人力和物力，挡车工的劳动强度明显加大，设备运转维护部门也要相应缩短维护保养周期，随时关注和检查设备运转的稳定性。加之近年来纺纱企业的用工荒，人员管理难度进一步加大。企业是否具有足够理想的生产管理制度和足够高的整体员工素质，是新型纱线能否从理想设计到现实化生产的关键。

4. 投资回报预估

新型纱线产品开发是一把双刃剑，既有挑战风险又有高附加值的诱惑。企业从事新产品开发的初衷便是获得更高的投资回报率，脱离传统依赖成本竞价的低端恶性竞争市场。在进行投资回报预估时，应对纱线的开发和生产成本进行核算，结合市场同类产品给出合理的销售指导价格，让企业管理者直观地看到投资回报率，并以此判定是否值得投资。需要注意的是，新产品在产品开发阶段需要花费较多的研发资金，这也是产品开发成本的重要组成部分。

【任务实施】

根据前期市场调研结果，拟开发一款 9.8tex 竹纤维/珍珠纤维/棉/甲壳素纤维混纺紧密针织纱，混纺比初步设定为 40/30/20/10，纱线具有功能多元化、品质高端化的特点，具体设计如下。

一、纱线设计

1. 用途设计

设计用于春夏季高档女士内衣或贴身针织面料。

2. 功能设计

具有抗菌功能的同时，还具有护肤保健功能，同时满足柔软亲肤、吸湿透气的内衣面料性能要求，面料染色性能好，色彩鲜艳且色谱全，符合该消费层次女性对于内衣面料的穿着舒适性及审美要求。

3. 产品风格设计

产品具备表面光洁、毛羽少、强力高、条干好的特性，其面料制品轻薄柔软、顺滑有光泽。

4. 品种规格

9.8tex 高支纱，符合春夏季贴身面料轻薄柔软特性的要求。结合紧密纺技术，提高纱线表面光洁度和强伸性能。

5. 原料选用

为了保证抗菌功能及护肤保健功能性能显著，初步选用 40%竹纤维、30%珍珠纤维、10%甲壳素纤维，配以 20%新疆长绒棉。选用竹纤维是一种将竹片做成浆，然后将浆做成浆粕再经湿法纺丝制成的纤维，其生产过程及纤维性能与黏胶纤维较为相似，不同的是竹纤维富含竹醌，具有天然的抑菌、防螨、防臭、防虫功能，竹纤维的吸放湿性及透气性居五大纤维之首，透气性比棉高 3.5 倍，且价格成本不高。选用的珍珠纤维是采用高科技手段将纳米级珍珠粉加入黏胶纤维纺丝液纺制而成，其既具有珍珠养颜护肤、嫩白皮肤的功效，又具有黏胶纤维吸湿透气、服用舒适的特性。竹纤维和珍珠纤维都具有优良的染色性能，色彩绚丽，色谱较全，且纤维具有蚕丝绸般的质感和滑爽感，非常适用于纺制女士高档内衣产品。而甲壳素纤维具有优异的抗菌功能，其在成纱中的混纺比达到 10%左右就可以获得较为理想的抗菌功能。新疆长绒棉的加入，提高了纱线的可纺性，保证了面料满足柔软亲肤、吸湿透气、经久耐用的要求。

为了提高纱线的可纺性，保证产品质量，四种纤维选用相近的物理指标，其中竹纤维、珍珠纤维和甲壳素纤维采用 1.67dtex×38mm，棉纤维选用平均细度 1.69dtex，主体长度 33mm 二级棉。

6. 核心工艺

细支纱工艺控制与管理，结合紧密纺技术。因甲壳素纤维较硬，纤维抱合力较差，在清梳工序中难以成网，应在前纺中先将甲壳素纤维与可纺性较好的棉纤维混合，因甲壳素纤维含杂较少且成本较高，与之混合的棉纤维须已经过精梳，以减少不必要的落棉。

二、可行性分析

1. 设备资源分析

（1）设备套台数。因珍珠纤维与竹纤维具有相似的纺纱性能，二者可以在前纺混合，而棉纤维（精梳条）和甲壳素也可在前纺混合，之后在并条处竹纤维/珍珠纤维条与棉/甲壳素条混合，符合一般混纺纱工艺流程，不增加设备机台数。

（2）技术改造需求。细纱工序采用现有紧密纺机台，无须其他专门的技术改造。

2. 技术资源分析

公司现拥有纺纱规模10万锭，先后引进德国特吕茨勒、绪森，瑞士立达，乌斯特，日本村田等一批先进设备，拥有紧密纺、赛络纺、包芯纺等多种纺纱技术及生产车间，生产技术水平处于行业前列。近年来，企业重点以天丝、莫代尔、黏胶纤维、棉等纤维为原料生产5.9~59.1tex各类双组分或多组分混纺纱及纯棉高档细支纱。对于该品种纱线生产具有优厚的技术资源条件。

3. 管理资源分析

公司管理思路基于全员参与、持续改善、自主管理的精细化管理模式。主要分成两部分：一部分是从上而下的方针目标管理，主要是针对高层和中层的改善；另一部分是从下向上全员参与的持续改善。将精益生产和TPM管理有机结合，打造具有企业特色的精细化管理之路。良好实现员工素质的改善，设备"体质"的改善和企业效益的改善。车间采用"6S"管理，在厂房中进行整理、整顿、清扫，创造一个清洁、安全的工作环境，使员工找到更加准确、快捷、轻松的工作方法。完全能够胜任该品种纱线的生产管理工作。

4. 投资回报预估

本款纱线面向中高端客户，目前在市场上较为少见，生产过程中把好品质关，在纱线支数、多组分混纺及紧密纺等三方面技术与管理因素影响下，具有一定的利润空间。据现有纱线销售市场行情，与精梳14.8tex涤棉混纺纱相比，扣除原料成本，本款产品报价可上浮35%~45%。

【课外拓展】

（1）试设计一款高档婴幼儿内衣面料用纱线。

（2）试设计一款春夏男士牛仔服面料用纱线。

任务四　样品检测与评审

【任务导入】

新产品的样品检测与评审，是新产品开发过程中的重要环节，也是风险管理的重要关卡。产品品质、市场价值，理想的制成率、具有核心竞争力的详细生产工艺都是重要的内容，企业管理者需要拥有更加系统的思维来组织样品的检测与评审工作。在样品检测过程中，除客户需求的一般纱线性能检测外，还需提供设计纱线特殊性能或功能的检测；在评审环节，需要邀请企业内部甚至是同行中的精英组建专家评审团，以便对产品工艺技术和市场价值给出更为客观的结论。为促进纺纱行业技术进步和产品创新程度，各级政府部门或行业协会也经常会主办纱线新产品鉴定或评审，其组织和核心准备工作是基本一致的。

本次任务对设计生产的 9.8tex 竹纤维/珍珠纤维/棉/甲壳素纤维混纺紧密针织纱进行样品检测，选择合适的质量标准，测定抗菌功能级别及其他纱线性能指标，综合评定样品纱线性能。

【知识准备】

一、新型纱线产品样品检测

区别于常见的纱线品种，新型纱线产品往往具有某些特殊的应用功能或特殊的外观结构，新型纱线产品的高附加值也主要体现于此。因此，在测试纱线基本应用性能的同时，评判和衡量其特殊性显得同等重要。然而，新型

新产品
检测与评审

纱线品种繁多，层出不穷，而且相比传统纱线品种，其产品生命周期不稳定。很多新型纱线品种刚刚问世，很快又会被性能更佳、服用性能更好的产品取代，不管是行业部委还是科研院所都无法为众多的新型纱线产品逐一制定质量标准。新型纱线产品的质量标准通常由客户指定，有条件的企业也会制定企业内部标准，在规范企业产品质量的同时，也便于客户进行质量考核和对比。

新型纱线样品的基本应用性能，如强度、强度变异系数、百米重量偏差、百米重量变异系数、条干均匀度、棉结杂质粒数等，属于常规测试项目，其检测方法和检测内容这里不再详述。根据纱线品种不同或客户要求不同，新型纱线样品性能检测一般还会包括混纺比测试、某些特定功能测试、纱线结构参数测试、布面效果测试以及其他特定指标测试。

1. 混纺比测试

纱线混纺比直接反映了纱线的生产成本，特别是对于采用某些高端纤维原料的纱线制品，混纺比是纱线成本核算的重要依据，也是产品附加值的直接体现。原料的成分配比标识甚至被作为国家强制标准体现在终端纺织品的流通中。

纱线混纺比的测试有多种方法，常用的有化学分析法、显微镜观察法、图像处理法等。对于化学成分不同的混纺纱，一般采用化学分析法，常用的化学分析法有化学溶解法和染色法两种。化学溶解法适用于混纺纱中只有某一种原料被某溶剂溶解的情况，将一定长度的纱段溶解前后的质量称重便可计算出混纺比。染色法适用于混纺原料在相同条件下对某一染料上染效果不同的情况，通过人工识别或结合高科技图像扫描处理技术，分解出纱线同一截面内不同颜色纤维根数，再根据纤维直径计算各组分的含量。

显微镜观察法是根据不同纤维拥有不同微观结构的原理来测试的，通常适用于有特殊

横截面结构的纤维混纺制品，如天然纤维和异形截面纤维等，通过分析纱线横截面内不同纤维的根数及直径计算各组分的含量。

图像处理技术将显微镜观察法的主观判定变为客观判定，根据图像扫描获取的纤维截面特征参数迅速计算纤维混纺比例，甚至可以进行纤维排列分布规律等更深层次的研究，大大提高了测试效率和测试精度。

2. 功能性测试

功能性纱线在新型纱线产品中占有较大比例。随着人们物质生活水平的提高，对纺织产品的功能需求越来越多，如防紫外线、阻燃、抗静电、抗菌、自发热、控温、发光、除臭、美容护肤、芳香、止血、保温等功能，如今都可以在纺纱生产中实现。

大部门功能纱线的功能等级在行业内都有界定，如界定防紫外线纱线，其紫外线防护系数需大于30，长波紫外线（UVA）透过率要小于5%；如抗菌产品必须有抑制真菌生长、活动、繁殖的功能，按照抑制金黄色葡萄球菌、大肠杆菌、白色念珠菌等功能，抗菌产品又分为A级、AA级和AAA级。

3. 结构参数测试

对于某些具有特殊结构特征的纱线，如竹节纱、段彩纱、点子纱等，还须对纱线结构参数进行测试。如竹节纱需测试竹节长度、竹节粗度、竹节分布规律等，段彩纱需测试段彩长度、段彩部分粗度、段彩分布规律等。

4. 布面效果测试

对于具有特殊花色效果或结构特征的纱线常常需要织制样布，供客户对比审阅。如果客户提供了样品织物，那么就应该严格按照客户来样的面料工艺进行样品织制，以保证布面效果的一致性。

5. 其他特定指标的测试

根据客户的特定要求，提供其他的检测服务，如耐磨性能、毛羽指数、农药残留、可分解芳香胺染料、偶氮染料等。

二、新型纱线产品订单评审

经过打样报价环节，工厂和客户谈妥订单品种、数量、价格、交期、付款方式等后，双方办理正式合同文本。销售或计划部门下达给分厂（或车间）生产通知单，生产部门进行订单评审并下达调度通知单。常规纱线品种一般不需要订单评审。

企业日常的订单评审，是指品种较特殊、原料预处理复杂、质量要求较高、工艺路线须斟酌、纺制难度大或客户有特别要求的品种。

1. 批量少的特殊品种，要进行制成率评审

新型纱线产品的主要缺点是多品种、小批量。几十千克，几百千克的订单屡见不鲜。一个三万锭的工厂，每天十几个品种投料翻改和换比揭底是常事，生产管理人员往往应接不暇。此时，如果再有订单短数，需要补单，更会为生产增加负担。

所谓订单短数，是指实际生产成品的数量少于订单计划数量。一旦越过客户允许的限度，就须重新投料补单，这种现象，在实际生产中，占 10%～20% 的比例。重新补料，不仅打乱了车间生产计划，而且因为数量极少，纺制难度大，效率低，用工用电多，质量难控制，又会影响客户交期。

与订单短数相反的另一种情况是订单溢数，即实际生产数远大于订单计划数。若超过客户允许限度，溢出的数量就变成工厂的零星库存，只能当废脚纱处理。这种情况大多是因为企业担心，订单短数、需要补单、影响客户交期等因素适当多投料造成的。

因此，订单的制成率评审是一项非常重要的工作。为了避免订单短数和溢数，生产中应重点关注以下几方面工作。

（1）须查阅企业产品库，了解曾经纺制此类品种或相关品种的生产技术资料。

（2）要事先检测所纺品种中各类原料的性能，如回潮率，短绒率等。

（3）要根据不同品种，下达配棉制成率通知，设计清梳落杂工艺。

（4）回花要及时搭用，量大的品种，可分 2～3 次投料，有利于将前批的回条、吸风花尽量多用。

（5）设定好 AB 纱、段彩纱的码长，减少 AB 两根粗纱不是同步了机的损失；设计好点子纱两种比例生条的数量，减少 AB 两根生条不能同步了机的损失。

2. 质量要求高的特殊品种，要进行品质评审

品质评审涉及到的内容较为繁杂，须根据实际情况作出评审，在生产调度单上，给出指导意见，具体内容如下。

（1）工艺路线的确定。考虑是否要先小混、是否要先开松、是否三道并条等。

（2）预处理工艺。如助剂配方及比例，闷置时间等。

（3）普、精条搭用。染色普条、精条在配棉中的比例等。

（4）异色纤防范。考虑是否要过车肚、隔断等级大小等。

（5）其他。如上蜡、蒸纱、倍捻试斜偏，50 个头上圆机看织布结果。

总之，订单评审是投产前对订单的事先评估和方案路线的设计，是对特别的细节做出的提醒和预警。

【任务实施】

一、抗菌功能测试

根据 GB/T 20944.3—2008《纺织品　抗菌性能的评价　第 3 部分：振荡法》质量标准，测试 9.8tex 竹纤维/珍珠纤维/棉/甲壳素纤维（40/30/20/10）混纺紧密针织纱的抗菌性能。将纱线剪成 5mm 样片，选取大肠杆菌（AATCC 25922）和金黄色葡萄球菌（AATCC 25923）为抗菌测试的菌种，采用微生物抗菌测试仪进行测试。抑菌率根据式（3-1）计算。

$$抑菌率＝（A-B）/A×100\% \tag{3-1}$$

式中：A——对照样平均菌落数；

B——试样平均菌落数。

经测试，纱线对大肠杆菌的抑菌率为74.6%，对金黄色葡萄球菌的抑菌率为86.1%，符合该标准抑菌率大于70%的质量要求，表明该纱线具有抗菌功能。

二、纱线质量指标测试

参考 FZ/T 71005—2014《针织用棉本色纱》质量标准，测试纱线主要质量指标，并将结果与精梳针织用棉本色纱进行质量对比，确认该品种纱线用于高档女士内衣面料的可行性。其测试结果见表3-2。

表3-2 样品纱线质量指标对比

测试参数	特克斯	等别	单纱断裂强力变异系数 CV/% ≤	百米重量变异系数 CV/% ≤	条干均匀度		棉结粒数粒/g ≤	棉结杂质总粒数粒/g ≤	纱疵/（个/10万m）≤	单纱断裂强度/（cN/tex）≥	百米重量偏差/%
					黑板条干均匀度10块板比例优：一：二：三 ≥	条干均匀度变异系数 CV/% ≤					
标准要求（精梳）	8~10	优 一 二	11.0 15.5 20.0	2.5 3.7 5.0	7：3：0：0 0：7：3：0 0：0：7：3	15.5 18.5 21.5	25 55 85	30 65 95	20 50 80	12.0	±2.5
样品值	9.8		10.1	1.8	—	13.8	10	15	—	13.7	+1.2

由表3-2可见，样品纱线符合针织面料纱线优等品的质量要求，可以用于设计用途领域。

三、整理与清洁

关闭仪器设备电源并摆放整齐，整理桌面，将实验工具和试剂有序归位，未受污染的纱线回收处理，清洁桌面，将废弃物按照要求集中处理。

【课外拓展】

（1）查阅相关资料，明确阻燃纱线阻燃功能的测试方法及技术指标要求。

（2）查阅相关资料，明确导电纱线导电功能的测试方法及技术指标要求。

（3）讨论制成率在新型纱线项目评审中的重要意义，并举例说明。

任务五 工艺开发与优化

【任务导入】

在纱线新产品开发过程中，由于新产品工艺还不成熟，人们需要借助科学的方法，最经济快速地获得纱线的最佳工艺。这样的方法，通常被称为工艺优化。其实，任何一项纺纱新技术、纱线新产品从创造出来到走向市场，甚至是在市场生存周期中，都会经历多次工艺优化，以更加接近消费者严苛的要求。在全国众多的纺纱工程师中，有这样一位汉麻高支纱纺制专家方斌，他是纺织工业联合会第四批中国纺织大工匠，2007 年，毕业不久的方斌从安徽来到浙江绍兴柯桥，在绍兴柯桥这片纺织沃土上，方斌将所有精力都倾注在纺纱技术的研究上。"'工匠精神'是在工作和学习中始终保持求知的热情，秉持坚持不懈的钻研精神、精益求精的品质精神、追求卓越的创造精神、踏踏实实的敬业精神，不断完善、改进，以求达到高的技术标准。"方斌这样描述自己对"工匠精神"的感悟，事实上他也完全是这样做的，他在原有汉麻/棉混纺纱基础上，带领技术团队深度攻关，通过反复钻研和试验，最终研发出汉麻比例在 30% 以上、支数达到 100 英支的成熟纺纱技术，解决了汉麻纱纱支粗、高损耗、细纱断头多、产能低的行业难题。方斌领衔的技术团队，不断开发汉麻凉席纱、汉麻服饰用纱、汉麻地毯纱、汉麻墙布纱、汉麻汽车座垫纱等技术，一举解决了麻纺行业中汉麻纺纱难度大、损耗大的难题，为企业提质增效和纺织技术提升做出了贡献。由方斌负责研发的"汉麻棉色纺纱"等 10 个产品通过专家鉴定，获得浙江省科学技术成果证书。此外，在长期的研究过程中，他还领衔起草了行业标准 11 项、团标标准 10 项、浙江制造标准 2 项；申请专利技术成果 63 项，其中 8 项发明专利、40 项实用新型专利，15 项外观设计专利。方斌是汉麻纱线制造领域的业内精英和专家。

　　在本次任务中，秉承工匠精神，结合前期样品的检测结果，针对纱线抗菌性能的提升设计工艺优化方案，并组织实施、对比工艺优化结果，选取设计纱线最佳生产工艺。

【知识准备】

一、新产品工艺开发

　　新型纱线的开发，特别是新型纤维原料以及纺纱新技术的采用，会对纺纱工艺的制定带来困扰。一款高品质的新型纱线，不仅表现在纺纱工艺和纱线成品品质的优异，更要在终端用途中表现出良好的耐久性。这就需要人们

新产品工艺
开发与优化

在工艺开发的过程中充分考虑各个环节，做好系统设计，抓好过程控制。在进行工艺开发的过程中，要充分结合新型纤维原料的纺纱特性、纺纱新技术的纺纱性能，以及纱线产品的设计意图等因素，以准确制定合理的纺纱工艺，加快产品开发周期。

　　新产品工艺开发通常不能一蹴而就，即使是有经验的开发人员也很难将工艺制订得一步到位。新产品工艺开发是逐步修正和完善的过程，生产中工艺开发人员需要结合多方面因素对工艺做出及时恰当的调整，从而逐步形成稳定的工艺。

1. 新型纤维原料的纺纱特性

　　新型纤维原料品类众多、日新月异，其纺纱性能也各不相同。通常，测试人员首先要测试分析所用新型纤维的细度、长度、吸湿、强力、卷曲、弹性、比电阻等纺纱性能，甚

至要了解纤维生产加工方法、微观形态结构、物理化学性能等。测试人员需要做到对所纺新型纤维原料的全面深入了解，才能在工艺开发的过程中做到得心应手。

纤维的性能对纺纱工艺的影响较大，因此对纤维性能的全面了解至关重要。如纤维的吸湿性能，过去人们认为回潮率高的纤维（如棉纤维）生产中不容易产生静电；现在人们发现，很多回潮率高的纤维（如竹浆纤维、麻赛尔纤维、芦荟纤维等）在生产中仍然容易产生破网、飞花、条干恶化、绕皮辊、出硬头等现象，这实际上是由于纤维在纺纱流程中不断接触温热的机器表面，导致放湿速率过快造成的。为了避免这种情况的发生，通常对纤维进行相关油剂的预处理，以控制纤维的放湿速率达到理想状态。如某些含特殊功能性纤维（如芳香纤维、夜光纤维等）的混纺纱，其纤维通常也具有特殊的物理化学性能，生产中应注意避免其功能性受到损伤，同时设计纱线横截面中合理的纤维内外分布，保证纱线的功能性得到充分体现。特别是多组分纱线，涉及不同纺纱性能的纤维合并成纱，具有较大的难度，如棉/羊绒/绢丝混纺纱，各组分纤维纺纱性能差异较大，为确保纱线品质，保证混纺比的精确性，其工艺的合理制定需要更多的考量。

2. 纺纱新技术的纺纱性能

利用新的纺纱技术，如赛络纺、段彩纺、竹节纱等，不同的纱线对纤维原料及前道须条的要求各不相同，在工艺设计的过程中应充分了解所采用的新型纺纱技术或纺纱设备的生产原理及纺纱技术要求。如赛络纺纱线，由于末道细纱采用两根粗纱喂入，两根粗纱在前道加工过程中定量均偏轻控制，这就要求前道纤维原料品质稳定，纺纱性能良好，同时应控制纺纱各流程中须条的条干均匀度达到理想状态，粗纱捻系数应偏大，以便在细纱工序顺利纺纱避免单根断头现象。如段彩纺纱，在产品设计过程中不仅要考虑色彩的美感，而且要考虑工艺的可行性。段彩部分和主体纱部分分属两个色彩系统，其粗纱须单独定制，而细纱工序中段彩的长度、间距、粗度、分布规律，以及段彩部分的包裹情况等都会是工艺开发的重点。

3. 纱线产品的设计意图

设计意图是新型纱线产品开发的根本，首先有明确的意图，才会有为了达到理想意图而设计开发并逐步完善的作品。产品工艺是根据设计意图的需要进行开发的，所以在进行工艺开发的过程中，深入思考设计意图非常重要。如根据客户需求，开发一款相比纯棉纱线更加经济耐用的牛仔布用纱，客户希望采用涤/棉混纺。这个案例中设计意图是降低成本和提高耐用性，为了达到这一意图，可提出两种工艺方案，一是传统的涤/棉混纺纱，二是以涤纶长丝为芯线外包纯棉短纤维的包芯纱。显然两种工艺方案中，后者更容易获得客户青睐，不仅有效降低了原料成本和染色成本，提高了产品的耐用性，还没有降低成品的穿着舒适性。

二、工艺优化

工艺优化就是对原有的工艺进行重组或改进，以达到提高运行效率、降低生产成本、严格控制工艺纪律的目的，即优于现行工艺的一种操作方法。工艺优化作为一种科学的试验方法，在新产品工艺开发过程中发挥着重要作用。工艺优化旨在降低生产成本、优化生产工艺、提高产品品质。

在纺纱生产中，工艺优化通常是重点针对某些亟待解决的质量指标，而在某一道或某几道工序开展的工艺重组或改进。例如，为了解决成品纱线棉结杂质粒数不合格的质量问题，针对开清棉和梳棉工序开展工艺优化，通过改变主要开松、分梳、落杂部件的工艺参数，形成几组不同生产工艺组合，组织生产并进行成品质量对比，进而选取其中的最佳工艺。

1. 工艺优化对象的确定

工艺优化对象是指通过工艺优化实施期望获得解决的问题，通常指某些亟待解决的质量指标。在纺纱生产中，工艺优化的对象可以是纱条的条干均匀度、棉结杂质粒数、强度、毛羽等。对于某些特殊品种纱线，如竹节纱，工艺优化的对象还可以是竹节的间距、竹节粗度、竹节长度等。工艺优化的对象可以同时选取一个或几个，具体视实际生产情况和需求而定。

2. 影响因素及水平的确定

在实际纺纱生产中，影响某个质量指标的因素通常比较多。例如，在细纱工序中，影响某一品种纱线强力的因素有捻系数、车速、纺纱方法（赛络纺粗纱喂入间距）、钢丝圈型号、车间温湿度等。而影响其成纱毛羽的因素有车速、纺纱方法（赛络纺粗纱喂入间距、紧密纺气压）、钢丝圈型号、车间温湿度等。

生产中无法对所有的影响因素都进行工艺优化，人们通常根据生产经验选取对工艺优化对象影响较大的因素进行优化，这些因素的参数选取范围也是基于一定的生产经验而设定的。例如，选取成纱强力作为工艺优化对象，基于生产经验，生产人员认为捻系数和车速是影响纱线强力的最主要因素，那么就对捻系数和车速这两个因素进行水平的设计与组合。

水平是指各因素所取的具体值，如捻系数设定三个水平，分别为340、360和380。水平不是随意拟定的，而是根据生产经验范围或实际生产需求来定。各水平间的间距要适宜，过小难以发现差异和规律，过大则容易失去最佳工艺点的范围。在缺乏任何实际生产经验的前提下，可先选取大间距水平，根据初次工艺优化的实验结果，缩小水平范围，重新进行工艺优化实验，进而得到最佳工艺点。

3. 实验方案的设计

（1）单因素或两因素实验。在实验研究中，对于单因素或两因素实验，实验设计较为简单。例如，生产19.7tex纯棉纱线，选定强力作为工艺优化的质量指标，选定捻系数作为影响强力的唯一因素，那么在制定实验方案时，其他纺纱工艺参数不变，只要改变捻系数即可，设捻系数的三个水平为：320、350、380，列举三个水平的实验方案见表3-3，单因素三水平实验全实验共3组。

表3-3　单因素三水平实验表

实验次序	捻系数取值
1	320
2	350
3	380

对于两因素实验，仍生产19.7tex纯棉纱线，选定强力作为工艺优化的质量指标，选定捻系数和钢丝圈型号作为影响强力的两个因素，列举三个水平的实验方案见表3-4，两因素三水平实验全实验共9组。

表3-4　两因素三水平实验表

实验次序	捻系数取值	钢丝圈型号
1		5/0
2	320	7/0
3		9/0
4		5/0
5	350	7/0
6		9/0
7		5/0
8	380	7/0
9		9/0

（2）多因素实验。在实验研究中，对于单因素或两因素实验，因其因素少，全面实验的设计、实施与分析都比较简单。但在实际工作中，常常需要同时考察3个或3个以上的实验因素，若进行全面实验，则实验的规模将很大，往往因实验条件的限制而难于实施。全面实验包含的水平组合数较多，工作量大，由于受实验场地、实验材料、经费等限制而难于实施。例如有6个因素，每因素取5个水平，全面实验就需要 $5^6 = 15625$ 个组合。

（3）正交实验设计。在实验安排中，每个因素在研究的范围内选几个水平，如同在选优区内打上网格，如果网上的每个点都做实验，就是全面实验。3个因素的选优区可以用一个立方体表示（图3-1），3个因素各取3个水平，把立方体划分成27个格点，反映在图3-1上就是立方体内的27个"·"。若27个网格点都实验，就是全面实验，其实验方案见表3-5。

表3-5　三因素三水平全面实验方案

因素		C1	C2	C3
A1	B1	A1 B1 C1	A1 B1 C2	A1 B1 C3
	B2	A1 B2 C1	A1 B2 C2	A1 B2 C3
	B3	A1 B3 C1	A1 B3 C2	A1 B3 C3

因素		C1	C2	C3
A2	B1	A2 B1 C1	A2 B1 C2	A2 B1 C3
	B2	A2 B2 C1	A2 B2 C2	A2 B2 C3
	B3	A2 B3 C1	A2 B3 C2	A2 B3 C3
A3	B1	A3 B1 C1	A3 B1 C2	A3 B1 C3
	B2	A3 B2 C1	A3 B2 C2	A3 B2 C3
	B3	A3 B3 C1	A3 B3 C2	A3 B3 C3

正交设计就是从选优区全面实验点（水平组合）中挑选出有代表性的部分实验点（水平组合）来进行实验。图3-1中标有实验号的九个"（·）"，就是利用正交表 $L_9(3^3)$ 从27个实验点中挑选出来的9个实验点。

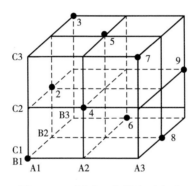

图 3-1　三因素三水平全面实验

这九个实验点的特点有：数据点分布是均匀的；每一个面都有3个点；每一条线都有1个点。

常用的正交表已由数学工作者制定出来，供人们进行正交设计时选用［正交表记号所表示的含义归纳如下：$L_n(t^q)$ 式中：L 为正交表符号，是 Latin 的第一个字母；n 为实验次数，即正交表行数；t 为因素的水平数，即1列中出现不同数字的个数；q 为最多能安排的因素数，即正交表的列数］。

三因素三水平正交实验表见表3-6，三因素三水平实验全实验27组，但按照表中9组因素水平组合的实验可以代表全实验的实验结果（表3-6）。

表 3-6　正交表 $L_9(3^3)$

实验次序	因素		
	A	B	C
1	1	1	1
2	1	2	2
3	1	3	3

实验次序	因素		
	A	B	C
4	2	1	2
5	2	2	3
6	2	3	1
7	3	1	3
8	3	2	1
9	3	3	2

例如，生产 19.7tex 纯棉赛络纺纱线，选定强力作为工艺优化的质量指标，选定捻系数、粗纱喂入隔距、钢丝圈号数作为影响强力的三个因素，捻系数取 320、350、380 三个水平，粗纱喂入隔距取 3mm、5mm、8mm 三个水平，钢丝圈号数取 5/0、7/0、9/0 三个水平，列举三因素三水平的正交实验方案见表 3-7。

表 3-7　纱线强力三因素三水平的正交实验方案

实验次序	因素		
	捻系数	隔距/mm	钢丝圈型号
1	320	3	5/0
2	320	5	7/0
3	320	8	9/0
4	350	3	7/0
5	350	5	9/0
6	350	8	5/0
7	380	3	9/0
8	380	5	5/0
9	380	8	7/0

（4）正交实验结果分析。凡采用正交表设计的试验，都可用正交表分析试验的结果。实验结果分析如下。

例如，表 3-7 的实验结果见表 3-8。

表 3-8　纱线强力三因素三水平的正交实验结果

实验次序	因素			优化对象
	捻系数 A	隔距 B/mm	钢丝圈型号 C	强力/cN
1	320	3	5/0	320
2	320	5	7/0	325
3	320	8	9/0	323
4	350	3	7/0	355

实验次序	因素			优化对象
	捻系数 A	隔距 B/mm	钢丝圈型号 C	强力/cN
5	350	5	9/0	350
6	350	8	5/0	354
7	380	3	9/0	335
8	380	5	5/0	330
9	380	8	7/0	337

分析方法，首先从 9 组实验中直观地找出最优处理组合为 4 号，即 A2B1C2，强力指标为 355；其次为 6 号 A2B3C1，指标为 354。这种直接观测法仅适用于工艺优化对象为单个的情况。当工艺优化对象为两个或者多个，则需要借助更加科学的分析方法。

【任务实施】

设计纱线为 9.8tex 竹纤维/珍珠纤维/棉/甲壳素纤维混纺紧密针织纱，样品混纺比为 40/30/20/10。因为本款纱线的设计用途为高档女士针织内衣面料，除具备设计要求的风格特征外，抗菌功能的好坏是本款纱线工艺改进的关键内容。为了改善纱线的抗菌功能，同时尽量减少成本支出，且不影响纱线总体风格特征及质量指标，调整纤维混纺比，其他工艺与样品纱线保持不变，制定抗菌功能单因素工艺优化方案见表 3-9。

一、抗菌性能测试

根据 GB/T 20944.3—2008《纺织品　抗菌性能的评价　第 3 部分：振荡法》质量标准，测试几组纱线的抗菌性能，见表 3-9。由表可见，当混纺比为 45∶20∶20∶15 时，纱线抑菌性能最佳，其中大肠杆菌抑菌率达 89.4%，金黄色葡萄球菌抑菌率达 96.2%。

表 3-9　设计纱线抗菌功能工艺优化方案及结果对比

实验次序	混纺比（竹纤维∶珍珠纤维∶棉纤维∶甲壳素纤维）	抑菌率/%	
		大肠杆菌（AATCC 25922）	金黄色葡萄球菌（AATCC 25923）
K1	40∶30∶20∶10	74.6	86.1
K2	38∶30∶20∶12	80.3	89.5
K3	35∶30∶20∶15	87.1	94.8
K4	50∶20∶20∶10	79.2	89.3
K5	48∶20∶20∶12	82.5	91.2
K6	45∶20∶20∶15	89.4	96.2

二、纱线质量指标测试

参考 FZ/T 71005—2014《针织用棉本色纱》质量标准，测试几组纱线主要质量指标，其测试结果见表 3-10。

表 3-10　样品纱线质量指标对比

测试参数	特克斯	等别	单纱断裂强力变异系数 CV/% ≤	百米重量变异系数 CV/% ≤	条干均匀度		棉结粒数粒/g ≤	棉结杂质总粒数粒/g ≤	纱疵/（个/10万 m）≤	单纱断裂强度 cN/tex ≥	百米重量偏差/%
					黑板条干均匀度 10 块板比例优：一：二：三 ≥	条干均匀度变异系数 CV/% ≤					
标准要求（精梳）	8~10	优 一 二	11.0 15.5 20.0	2.5 3.7 5.0	7：3：0：0 0：7：3：0 0：0：7：3	15.5 18.5 21.5	25 55 85	30 65 95	20 50 80	12.0	±2.5
K1	9.8		10.1	1.8	—	13.8	10	15	—	13.7	+1.2
K2	9.8		10.3	2.0	—	14.5	16	20	—	13.9	+1.5
K3	9.8		10.3	2.1	—	14.9	22	28	—	13.9	-2.0
K4	9.8		9.8	1.9	—	13.5	12	16	—	12.0	-1.4
K5	9.8		10.1	2.0	—	14.8	17	20	—	12.3	+1.7
K6	9.8		10.5	2.2	—	14.9	20	27	—	12.8	-0.9

三、结果分析

由表 3-10 可见，甲壳素纤维的增加带来纱线抗菌性能优化的同时，也带来纱线整体性能的波动，主要表现为条干及棉结杂质情况的恶化，这是由于甲壳素纤维较硬，纤维间抱合力较小引起的。而竹纤维的增加直接带来纱线强力的下降。综合考虑设计纱线在其最终用途中的纱线强力及抗菌性能尤为重要，根据结果，当竹纤维：珍珠纤维：棉纤维：甲壳素纤维混纺比为 35：30：20：15 时，纱线性能最优。此时纱线对大肠杆菌抑菌率达 87.1%，金黄色葡萄球菌抑菌率达 94.8%，纱线强度达 13.9 cN/tex。

四、整理与清洁

切断纺纱设备电源，将并条机、粗纱机和细纱机牵伸机构压力卸除，整理设备机台台面和地面，收集落棉、风箱花等回花归入再用棉储藏袋，剩余纱样留档存放。

关闭检测仪器设备电源并摆放整齐，整理桌面，将实验工具和试剂有序归位，未受污染的纱线回收处理，清洁桌面，将废弃物按照要求集中处理。

【课外拓展】

（1）讨论在纺纱过程中影响纱线功能特性的主要因素有哪些。

（2）讨论在纺纱各流程中影响纱线强力的主要因素有哪些。

任务六　新产品市场推广

【任务导入】

2020 年，受经济形势影响，全球纺织行业发展受到严重阻碍，传统营销模式已经不能满足市场需要。面对产品内销、外销的新挑战，纺织原料生产企业丝丽雅选择主动出击破局，于 2020 年 6 月开设线上"丽雅生活 e 馆"，推出了人人可作为，人人可参与的"网摊"营销模式，创新挖掘内需，带动上下游企业和消费者共同受益。据介绍，自上线以来，"丽雅生活 e 馆"用短短 6 天时间就积累了大量"粉丝"人群，实现了主业原料终端产品的快速销售，以终端产品销售拉动前端原料生产，体现了新营销模式的巨大潜力。截至2021 年 4 月，"丽雅生活 e 馆"推客数达 4.5 万人，成交客户 7.7 万人，商城会员数47 万人，销售额突破 4000 万元。紧跟科技潮流，创新出圈的营销方式为丝丽雅打破困境，迎来了发展新契机。截至 2024 年，丝丽雅集团建立了遍布北美、东欧、韩国、日本等 40 多个国家和地区的营销网络，其产品国内市场占有率保持在 33% 以上，国际市场占有率保持在 25% 以上。

在纱线新产品推广过程中，运用先进的信息化技术手段、创新的营销模式定然能取得良好的市场效果。本次任务中，针对设计开发的 9.8tex 竹纤维/珍珠纤维/棉/甲壳素纤维混纺紧密针织纱线，结合公司实际情况，制定一份新产品市场推广方案。

【知识准备】

随着宣传方式的不断更新，传统的渠道推广遇到了很大的瓶颈。在新的经济和环境背景下，人们的交易行为、消费行为和工作方式发生了巨大的变化。在纺织服装领域，特别是纱线生产与贸易领域，市场推广渠道有了新的变化。

新产品
市场推广

一、市场推广的目的

1. 宣传提升产品的知名度

让更多的客户或者终端用户了解该品牌或者该产品的性能。在提升品牌效应的同时，培养更多的潜在客户。以此为目的的宣传推广活动适用于产品上市初期或者在淡季的时候进行，让更多的人参与到活动中，产生更大的影响，为下一阶段的销售打下伏笔。参与互动的人气越多，推广就越成功。

2. 促进销售、提升产品市场占有率

通过有效的方式或者新颖的促销方式快速抢占市场份额。以此为目的的推广活动适用于产品销售旺季或者针对竞争对手的某项活动而进行的，针对性比较强。判定推广成功的主要指标就是销量。同环比越高，证明活动推广越成功。

二、目标客户群的界定

在开始市场推广活动前，首先要明确目标客户群的范围，进而制定有针对性的推广计划。推广针对的群体也就是为谁而做的活动、宣传，要引起哪些群体的参与互动。对于纱线产品而言，推广针对的对象主要有两类群体。

1. 针对下游生产商

对于纱线产品来说，下游生产商主要指下游需要以纱线为原料的生产型企业，如面料生产商、特种线（绳）生产商、纺织工艺品生产商、鞋帽生产商等。在产品销售淡季时可以针对客户做一些产品评测，也可免费或低回报地提供小部分新产品供部分客户试用，采集客户试用反馈意见，同时通过相关不间断的报道提升在业内的关注度和知名度。此类推广适用于淡季，对销量提升影响不大。

2. 针对渠道分销商

对于纺纱企业来说，渠道分销商主要是指外（内）贸企业、行业平台网站、贸易网站等。在旺季时，为了更有效地提升销量，针对渠道分销商做一些销售活动，或者进行销量排名，在规定时间内对销量好的分销商给以一定的奖励。这是针对提升销量最有效、最直接的一种方式，同时根据情况也可以针对终端客户配合一些优惠活动。

三、市场推广的方式

1. 线上推广方式

（1）新媒体推广。招聘或委托专业人员，通过抖音、小红书、微信等新媒体及中国纱线网、云纱网、找纱网、纱线圈等专业平台网站，向现有客户和潜在客户群及社会推广企业信息，定期给关注用户发送企业内部新闻、行业相关最新信息、企业产品信息和最新营销活动等，在现有客户及潜在客户群体中不断树立友善、诚信、高效、高端等目标形象，加深正面引导，促成良好合作关系。

（2）网站推广。通过公司网站、平台网站（阿里巴巴、中国纱线网等）对企业产品及文化背景进行宣传，是目前纺织产品市场推广的一种重要方式。有条件的企业可以制作精良的公司网站，对企业文化、产品类别精心宣传，配备专业的网站维护和管理团队。除公司网站外，销售人员还可以通过中国纱线网、中国纺织网、阿里巴巴等平台网站发布企业产品信息。相比其他的产品推广方式，线上营销往往较为直接有效，而且成本较低。

（3）网络广告。在网络上做有关的广告宣传。目前，此种方法还仅限于对产品的宣传和品牌的提升。因为纺纱企业处于行业生产链的上游，一般不直接接触终端消费者，其网络宣传广告一般设在行业内知名网络平台、行业信息网站、行业信息和技术交流网站等。

2. 线下推广方式

（1）企业内部展厅。在企业销售部门内，或附近方便的区域专门建设现代化的企业内部展厅，将样品纱线制成色卡、样布或样衣等，定制专业的陈列设计，将产品以丰富、高端、时尚或绿色环保等面貌予以展示，制作品牌专用标识、旗帜、企业内部刊物，营造浓厚的企业文化和氛围。

有条件的企业可以建设专业水准的产品样品库，引入专业的网络管理系统进行科学规范的管理，客户可以在系统中随时调取以往产品的生产技术资料，可以方便地在样品库中寻得实际样品，以增强对企业生产技术能力的信赖感，提升客户的忠诚度。

（2）媒体广告。可以在行业报刊、杂志刊登企业宣传信息，如《中国纺织报》《纺织学报》《丝绸》《棉纺织技术》《上海纺织科技》等。也可以在纺纱企业或靠近生产企业较为集中地区的交通要道口树立大幅广告牌。企业内部商务及运输车辆设计专业的车身广告等。

（3）终端店面建设。在纺织行业密集区，如苏州盛泽、南通叠石桥、浙江余姚等地建设终端店面，铺设陈列企业生产的产品品类，配备专业的销售人员。终端店面的宣传要注意自身的特色和专长，注意销售策略，重点把握住主体客户群，与周围同类店面形成良好的竞争关系。

（4）行业展会。行业展会，一般由中国国际贸易促进委员会纺织行业分会、各地行业协会或大型企业牵头举办，大型的行业展会以季度、半年或一年为周期，定期举行。行业展会汇集同行业同类产品于一地，同时吸引大批客户光临，行业展会从某种意义上来说更是产品的见面会、订货会。因此，参会企业都非常重视参加展会的形式，很多大型企业甚至会租借大面积场地，搭建高档的产品展示和商务洽谈的环境，并对产品的包装和展示进行精心的策划和安排，以期获得客户的青睐。在纺织行业领域，常见的大型展会有纺织面辅料博览会、中国国际纺织纱线展览会等。

（5）校园巡讲。通过企业人才招聘的机会，深入各大高校宣传推广企业，一方面提升应聘者的就业信心和对企业的忠诚度，另一方面扩大了企业未来几年在行业内的知名度。

四、推广效果的把控

为了保证推广的效果，通过以上市场调查分析，在明确推广目的、推广目标群体以及采用的推广方式后，企业还应该在活动创意、文案细节、销售政策、会展流程、合作分工、费用预算等方面下功夫，让有效的资源更好更大地发挥作用，用最少的钱办最大的事，通过对人力、财力、物力等各个环节的有效合理把控达到推广的效果。

所有的产品宣传、活动策划都是围绕着销售进行的。最后也是通过销量来体现的。因此，企业有必要做好产品推广工作。

【任务实施】

根据设计纱线品种信息，结合公司的线上线下资源，制定一份简要的市场推广方案。

任务案例：市场推广方案

一、推广目标

（1）提高公司品牌形象及产品知名度。

（2）开发挖掘目标客户，提升产品的销售额。

二、产品分析

1. 产品简介

产品规格为 9.8tex 竹纤维/珍珠纤维/棉/甲壳素纤维混纺紧密针织纱，设计用于春夏季高档女士内衣或贴身针织面料。纱线具有抗菌和养肤保健功能，其终端产品具有穿着亲肤性好、吸湿透气、光滑柔软的特性，同时具有较好的染色性能，色彩鲜艳，光泽感强。纱线表面光洁，毛羽少、强力高，细度适中，非常适合织制高档内衣面料。

2. 质量认证

产品通过 GB/T 20944.3—2008《纺织品　抗菌性能的评价　第 3 部分：振荡法》质量标准认证，对大肠杆菌和金黄色葡萄球菌的抑菌率均达到 70% 以上。

3. 产品的优势与劣势

优势：目前生产抗菌功能纱线的企业较多，但纱线的抗菌功能大多难以达到抗菌质量标准，抗菌纤维成分较少，仅起到一定的抑菌作用，即便达到抗菌质量标准，也多以牺牲穿着舒适性为代价。这款纱线的设计原料选用恰当，成本适中，抗菌质量达标，生产工艺稳定，同时穿着体验优异、质感高档，是女士内衣面料的良好材料。

劣势：本款产品为多组分高支纱，其工艺及管理相对复杂，且选用珍珠纤维和甲壳素纤维等高档原料，生产成本较高，具有一定的投资风险。

三、市场行情

1. 市场前景

通过前期的市场调研，人们发现抗菌功能纱线属于功能性纱线的一个分支，是一个新兴的产业领域，因其特殊的功能特性目前占据特有的市场领域。随着人们生活水平的提高和健康意识的增强，对于抗菌功能纺织品的需求势必构成巨大的潜在市场。

2. 竞争对手分析

本省及周边地区，具有抗菌功能纱线生产能力的企业较多，但在生产技术水平、生产规模、品牌形象等方面形成直接竞争的企业为数不多，有较强竞争力的对手包括 A 公司、B 公司及 C 公司。A 公司多年来具有绝对市场竞争力的产品为纯棉高支纱，在混纺纱领域，特别是多组分混纺纱领域涉足较少，但其品牌形象较好，一旦涉足该产品，将产生较大竞争力。B 公司主要生产涤/棉、黏/棉系列混纺纱，产品主要为中特至中细特纱，具有较强的直接竞争关系。C 公司以生产各类小批量、高品质色纺纱线而著名，技术力量雄厚，常年涉及多组分纤维混纺纱线，但目前尚未涉及抗菌类功能色纺纱的生产。

3. 客户分析

抗菌功能纱线主要针对服装、家用纺织品、医用防护纺织品及相关产业用纺织品领域，面向下游追求品质至上的特种面料或功能面料企业，要求供纱厂家具有特种纱线及功能纱线生产能力和技术能力，且品种选择空间大，对同类品种纱线有时会提出不同的工艺需求。客户分布面较广，且多为小批量订单，生产工艺难度相对较大，生产成本较高。

四、产品策略

1. 产品定位

产品定位为女士高档内衣针织面料，面向追求品质至上的面料生产企业。

2. 价格策略

（1）面向不同的客户，采用统一的价格核算模式，有利于品牌形象的建设。

（2）争取中间商，所有中间商价格统一。

（3）价格根据订货量的增加有一定的优惠空间。

五、产品推广

1. 销售策略

充分利用电子商务和网络销售，一方面在各类纺织信息平台网站、纺织贸易平台网站、本公司网站、抖音、小红书、微信等新媒体及中国纱线网、云纱网、找纱网、纱线圈等专业网站等多渠道发布公司及产品信息、宣传品牌形象，另一方面主动出击，通过网络及线下渠道，获取尽可能多的目标客户信息，主动联系宣传。

2. 广告宣传

（1）参加或赞助行业协会及相关组织举办的行业会议及各类活动，宣传公司产品，提高品牌知名度。

（2）在行业期刊、媒体发布广告，制作产品宣传彩页，突显公司、产品优势。

3. 展示宣传

（1）店面展示。在企业终端店面或产品展示厅中设计陈列空间，突出产品高端形象。

（2）行业展会。在参加行业展会的过程中，专门陈列橱窗，以华丽的终端面料、精致的服装制品及样品性能检测报告等，突出产品高端化路线和公司品牌形象。

六、服务政策

（1）提供全方位的技术支持。

（2）提供样品。

（3）样品检测。

（4）产品相关专业知识和生产技术的咨询服务。

（5）售后出现质量问题给予及时地服务。

（6）售后的客户回访，了解客户使用产品情况，给予技术支持。

【课外拓展】

（1）公司参加行业展会，全国同类产品厂家云集，试思考如何在众多市场竞争者中脱颖而出？

（2）试为该产品起草一份广告宣传彩页，要求有凸显产品优势及特点的广告语。

➢ 【课后提升】

任务七　低碳绿色纤维纱线的设计与开发

【任务导入】

党的二十大擘画了中国式现代化的宏伟蓝图，其中"人与自然和谐共生的现代化"必将加速中国纺织化纤工业全面深入推动绿色低碳转型发展的步伐。当前，实现"双碳"目标已经成为中国经济实现高质量发展的必然选择。一场加速推进的绿色工业革命在制造业中正如火如荼开展。纺织业作为人类生活"衣食住行"的首位，践行绿色发展观是对人民负责、对未来负责。

2024 年，我国化学纤维产量达 7934.1 万吨，占我国纤维加工总量的 85% 以上，占全球化纤总产量的 70% 以上，作为化纤行业的重要组成部分，涤纶产量占化纤产量近三分之二。推动再生涤纶纤维生产技术革新和高端产品应用是这场绿色工业革命的关键。目前，工业和信息化部在不断探索建立我国再生纤维标准认证体系，先后发布《化纤工业高质量发展的指导意见》，颁布并修订《再生化学纤维（涤纶）行业规范条件》和《再生化学纤维（涤纶）行业规范条件公告管理暂行办法》，促进废旧纺织品、瓶片等废旧资源高质、高效、高值循环利用，推动循环再利用化学纤维（涤纶）行业结构调整和产业升级。

为积极响应号召，顺应"人与自然和谐共生的现代化"发展需求，某公司拟对纱线产品线进行全面升级，请从低碳环保、绿色健康等角度，为其设计一款新型低碳纱线制品，要求描述产品构思，并对纱线主要工艺或生产技术进行设定。

【任务实施】

一、产品设计构思

再生涤纶纤维，凭借其节能减排、低碳环保的显著优势，不仅经济实惠，更在柔软度与亲水性方面较传统涤纶实现了显著提升。当它与棉纤维混纺时，既确保了衣物的穿着舒适度，又有效地控制了成本。此外，苎麻纤维因卓越的吸湿透气性能、高强度以及抗菌抑菌特性而备受瞩目，常被用于制作夏季服饰、袜子及鞋垫等纺织品。然而，苎麻纤维的初始模量较高，质地偏硬，断裂伸长率小，弹性恢复力欠佳，且成纱时毛羽较多。若用于贴身衣物，可能会带来刺痒感，且容易产生皱褶，影响外观美感。

鉴于此，本节计划采用超柔再生涤纶、棉纤维与苎麻纤维作为原材料，秉承环保、健康、舒适的核心理念，精心设计一款适合贴身穿着的色纺纱线产品。为了充分融合这三种纤维的各自优势，通过水溶维纶与苎麻纤维的混纺，制得水溶维纶/苎麻混纺纱。随后，经过热水溶解处理，获得细特纯苎麻纱线，以此作为纱芯。接下来，采用赛络纺包芯纱工艺，将超柔再生有色涤纶与棉的混纺粗纱作为外包纤维，生产出超柔再生涤纶/棉/苎麻赛络纺有色包芯纱。

这款纱线成品集三种纤维的优点于一身，在亲肤性、吸湿透气性、抗菌抑菌性等方面均表现出色。更重要的是，其后道加工无须染整，废弃后可轻松降解，对环境压力小，真正实现了低碳环保的时代需求。因此，它可广泛应用于各类贴身衣物的加工生产，为消费者带来更加健康、舒适的穿着体验。

二、主要生产工艺说明

1. 纱芯的制备

直接纺制的纯苎麻纱通常直径较粗，作为纱芯纺制包芯纱不仅容易露芯，而且最终成品包芯纱也较粗，因此，本设计将苎麻/维纶（55/45）混纺纱中的维纶溶解退维，获得10tex超细苎麻纱作为纱芯。

在纺制实验过程中发现，直接退维后得到的超细苎麻纱毛羽纠缠现象严重，导致后续络筒（纱芯卷装需为筒子纱或管纱）时断头频繁，无法顺利操作。为解决该问题，先在环锭细纱机上对苎麻/维纶混纺纱初步包覆少量涤纶短纤维，然后再进行退维处理，外包的涤纶可覆盖苎麻毛羽，解决纠缠问题。退维处理时将包覆涤纶的苎麻/维纶混纺纱以绞纱形式先置于高压锅中蒸煮10min，然后用90℃以上热水洗涤2min，反复洗涤3次，最后烘干并络筒。

2. 赛络包芯纱的纺制

两根超柔再生涤纶/棉混纺粗纱作为外包纤维，自后罗拉经牵伸装置向前喂入。苎麻纱芯则避开牵伸装置，直接通过前罗拉与中罗拉之间的固定导纱器，与经过牵伸处理的外包纤维须条精准汇集，随后一同从前罗拉输出。在此过程中，纱线经过加捻与卷绕，最终成型。纺纱时，采用与芯纱同向的加捻方式，这一工艺确保了纱线具有良好的表面光洁度和条干均匀性。

为了获得更佳的包覆效果，同时确保穿着时的舒适度，成纱的线密度建议控制在 40～50tex 的范围内。鉴于苎麻纤维本身具有较大的刚性，纱线的捻系数需相应增大，选择比普通情况偏大 25% 的数值，以确保纱线的整体性能和舒适度。

任务八　多元属性功能纱线的设计与开发

【任务导入】

在当今的纺织品市场中，新型纱线产品的开发正引领着一股前所未有的潮流，不仅强调纺织品的传统舒适性，更是将功能性与健康性提升到前所未有的重要位置。随着消费者健康意识的日益增强和对生活品质的不断追求，纺织品已不再仅仅满足于遮体保暖的基本需求，而是逐渐演变成为集多种功能于一体的高科技产品。

当前，新型纱线产品的开发趋势明显倾向于融合多种功能性元素，如抗菌、抗病毒、抗静电、防紫外线、防辐射、吸湿排汗、透气保暖、发热、拒水、拒油、阻燃、导电、变色、智能控温、智能传感等，以满足人们在不同生活场景下的多样化需求。这些功能性的实现，往往依赖于创新的纤维材料、先进的纺纱技术和精细的后处理工艺。例如，通过纳米技术将抗菌因子嵌入纤维内部，使得纱线本身即具备持久的抗菌能力；或者利用特殊的纤维结构设计，实现纱线的快速吸湿与排汗，保持穿着者的干爽舒适。

更为重要的是，消费者对于具有多元功能组合的纺织品表现出了极高的兴趣与青睐。他们希望一件纺织品能够同时满足多种需求，如既具备抗菌、防病毒的健康保护功能，又能保持透气性和亲肤性，确保穿着的舒适度。因此，如何在保证纺织品基础舒适性的同时，巧妙地融入多种功能性元素，成为当前新型纱线产品开发的重要课题。

请结合所学知识，尝试为冬季外穿服装面料设计一款多元属性的功能纱线，使其兼具保暖升温、抗菌、耐磨、吸湿排汗、防紫外线等日常需求功能。要求描述产品构思，并对纱线主要工艺或生产技术进行设定。

【任务实施】

一、产品设计构思

近年来，人们对生命安全的珍视与对健康的关注达到了前所未有的高度。这不仅改变了人们的生活方式，也极大地提升了公众对于个人卫生及防护意识的重视程度。在此背景下，抗菌纺织品作为抵御细菌、病毒传播的重要防护手段，迅速成为功能性纺织品领域中的焦点产品，吸引了广泛的关注与研究。为了满足这一新兴且迫切的市场需求，设计并生产具有抗菌功能的纱线产品显得尤为重要。这类产品不仅要求具备良好的抗菌性能，以有效减少微生物在织物表面的存活与繁殖，降低交叉感染的风险，同时还需兼顾穿着的舒适性、透气性和耐用性，确保用户在享受健康保护的同时，也能获得愉悦的穿着体验。

本产品拟采用安泰贝纤维、暖燚绒纤维、抗菌涤纶长丝和石墨烯长丝为原料，开发一款兼具抑菌护肤、吸湿排汗、蓄热升温、防紫外线和耐磨功能的外穿服装面料用纱。安泰贝是赛得利公司开发的一种具有抗菌功能的改性黏胶纤维，主要应用于巾被、医用行业等；暖燚绒是华懋生物技术开发的一种改性涤纶，纤维具有吸湿排汗、蓄热升温、改善微循环的特点，抑菌护肤效果好，可将湿气迅速从皮肤带离，并快速蒸发释放，主要用于运动服、羽绒服。石墨烯改性涤纶长丝（以下简称石墨烯长丝）是强生公司开发的一种抗菌、远红外和防紫外的复合长丝，采用特有的石墨烯改性技术，减少远红外线的流失，使温度最大化上升，具有蓄热保暖的功效。采用以上功能性纤维和长丝，开发一种29.5tex包芯包缠复合纱，其中外包短纤维安泰贝/暖燚绒混纺比为50/50，芯丝为44.4dtex/24F抗菌涤纶长丝，包缠丝为77.8dtex/36F石墨烯长丝。普通环锭纱由于其纤维大多呈螺旋线形态，当反复摩擦时，螺旋线纤维逐步变成轴向纤维，纱线易失捻解体而很快被磨断，耐磨性较差。而包芯包缠复合纱由纱芯、外包短纤维和外包长丝组成，纱线表面包有规则的长丝，纱线不易解体，不易产生相对滑移，故耐磨性提高。

二、主要生产工艺说明

1. 前纺工艺

前纺工艺流程采用条混生产工艺，首先将安泰贝纤维和暖燚绒纤维分别梳棉成条，再经过三道并条，按比例进行条混生产。粗纱半成品指标：粗纱定量4.6g/10m，捻系数111，粗纱条干CV值在4.5%以内。

2. 长丝位置

芯丝的喂入位置：纺Z捻纱时应在粗纱须条中间偏左。包缠丝的喂入位置：将包缠丝放在粗纱须条的右侧，当粗纱须条与包缠长丝的距离小于3mm时，长丝容易包缠到纱体内部；当该距离大于5mm时，粗纱须条纤维容易散失；当该距离为4mm时，能够保证生产顺利进行。

3. 芯丝含量

芯丝含量会影响包覆效果，一般芯丝含量不超过35%。细号纱若选用偏粗的长丝作为芯丝，因外包纤维量相对较少，纤维间抱合力不足，致使纱线强力下降。同时，外包纤维含量少时，纤维抱合差，松散的外包纤维会随机性被笛管吸走，在纺纱张力较大、满纱落纱前时更严重。根据以上情况，本品种芯丝采用 44.4dtex 抗菌涤纶长丝，包缠丝采用 77.8dtex 石墨烯长丝，芯丝的含量 20.4%。

4. 长丝退绕张力

在包芯包缠复合纱的纺制过程中，无论是芯丝还是包缠丝，两种长丝退绕张力的控制都是十分关键的环节。为保证长丝退绕张力平稳均匀，无阻力，采用 Y2301 型数字式纱线张力仪检测张力的一致性。目前长丝主要有两种退绕形式，一是采用张力盘式，长丝靠前罗拉拉力自由脱圈退绕，张力变化随机无法调节；二是导丝辊式，导丝辊通过伺服电机主动传动，将长丝夹在导丝辊与导丝胶辊中间积极往下导引，这样可以保证张力牵伸的稳定性，可以采用张力仪检测不同牵伸值下的张力，以便合理选择。两种长丝通过双槽导丝轮引入细纱机前罗拉与胶辊的钳口内，保证同锭张力及锭间张力一致。由于长丝张力的波动将直接影响织物的幅宽变化，锭间张力差异必须控制在 20~40cN。若芯丝张力过小，在前钳口处加捻时会呈 S 形，无法处于纱芯之中而影响包覆质量；若芯丝张力过大，进入前罗拉会出现打顿，使短纤须条屈曲而形成疵点，有时外包短纤维还有被吸走的现象，且会缩短胶辊的寿命。为保证芯丝与短纤维在加捻三角区复合加捻时芯丝张力值略大于短纤维须条的张力，芯丝应具有足够的张力使其在成纱时保持自己的位置，从而保证包覆效果。

5. 长丝预牵伸倍数

长丝预牵伸倍数决定了长丝张力，需试验摸索，长丝的细度、根数及机械结构、状态都对其有一定的影响。预牵伸倍数的经验设计值一般在 1.02~1.20 倍。张力太小会产生包覆不良、拥丝甚至松散扭结；张力过大，加捻三角区外包纤维更加松散，造成加捻三角区纤维损失。长丝预牵伸倍数的优化：芯丝预牵伸一般大于 1 倍，才能保证其包在纱线中时处于伸直状态。包缠丝预牵伸一般在 0.98~1.01 倍，长丝通过导丝轮喂入前钳口，长丝呈弯曲状态，以保证包缠丝与短纤维须条在加捻三角区复合加捻时，包缠丝张力值略小于短纤维须条的张力。经试纺证明，芯丝预牵伸 1.06~1.09 倍，而包缠丝预牵伸在 1.00~1.03 倍时比较合理，既不易被拉断，又能保证张力和成纱结构的要求。

○ 项目四
创新创意纱线开发与设计

◎**学习目标**

（1）学会用崭新的视野去探索及洞悉市场的潜在需求。

（2）尝试开发设计既有新颖性、创造性、实用性，又有实施可操作性的创新创意产品。

（3）把优秀的创新创意设计付诸实践，并在行动中逐步完善和提升产品性能。

◎**项目任务**

纺织工业已发展成高度成熟的产业，基础产品的生产和管理技术相对成熟，随着国内劳动力成本的不断上升、原材料价格大幅波动，纺纱企业面临着巨大的生存压力。在信息化技术和智能控制技术高速发展的今天，构建纱线行业现代化产业体系，践行高质量发展，引领行业转型升级是紧要任务。全国纱线生产企业在新设备、新技术、新工艺、新产品等方面全面开展科技攻关，"科技赋能、创新驱动新质生产力"是当前纱线生产企业发展的主旋律，纱线产品开发要紧抓"创新"主旋律，才能让自己的产品永葆市场活力。

越来越多的企业认识到：必须改变观念，从以量取胜转到以优以特取胜的理念上来，依靠纱线产品创新来增强核心竞争力。新型纺纱产品创新最终的目的是能够通过技术创新来实现新型纺纱产品的多元化、差异化和功能化。作为企业产品开发人员，需要时刻关注纺纱新技术的发展，不断应用新技术，进行设备改造升级或工艺技术优化，时刻掌握市场动向，开发出符合市场需求的多元化、差异化、功能化的纱线新产品。

➢ 【课前导读】

任务一　认识产品创新原理

【任务导入】

苏联的阿尔特苏列尔博士认为，创新方法有理可循，他从 1946 年开始带领一批研究人员和学生从世界各国的 250 万件专利中寻找解决发明问题的方法，最终创立"发明问题解决理论（TRIZ）"。TRIZ 理论的出现，给创新这一现代社会中最活跃的元素带来了革命。TRIZ 理论提供的不仅仅是一种纯粹的创新理论，它还是一种思维模式，能够帮助人们形成一种系统的、流程化的创新设计思考模式，有助于人们在几乎所有事情中找到创新的方法。

下面通过阿尔特苏列尔博士的（TRIZ）理论，并在了解新型纱线市场的基础上，将常见的新型纱线产品进行分类归纳和总结，提出新型纱线产品的创新要素。

【知识准备】

一、创新与 TRIZ 理论

创新，也叫创造，是个体根据一定的目的和任务，运用一切已知的条件，产生出新颖、有价值的成果（精神的、社会的、物质的）的认知和行为活动。创新，首先就是要有创新意识，有了这种创新意识才会有新的想法出现，有了这种新的想法，才会去注意到周边环境的变化，才能抓住一切时机，利用自己的创新思维，创造更新、更有价值的东西。创新是永无止境的，创新也可以在别人创意的基础上，实现更高层次的突破，赢得更大的市场，创造更多的价值，这也是一种创新。

阿尔特苏列尔从具有发明性的专利中提炼出了解决冲突或矛盾的 40 条发明原理（表 4-1），利用这些发明原理可以寻找解决问题的可能方案。

创新原理

表 4-1　40 条发明原理

1. 分割	2. 局部质量	3. 抽取	4. 非对称
5. 结合	6. 通用性	7. 成套	8. 平衡
9. 优先考虑反作用	10. 优先的行动	11. 预先铺垫	12. 均势
13. 倒置	14. 球形化	15. 动态性	16. 采取部分的或过分的行动
17. 改变移动方向	18. 机械振动	19. 采取周期的行动	20. 有效行动的持续性
21. 采取迅速的行动	22. 变害为益	23. 反馈	24. 中介
25. 自我服务	26. 拷贝	27. 用低廉的短寿命的代替昂贵的、耐用的	28. 机械系统的替代
29. 采用空气的或水利的结构	30. 采用柔性的薄膜	31. 采用多孔材料	32. 改变颜色
33. 同类性	34. 抛弃和回收部件	35. 物体的物理和化学状态转变	36. 相位变换
37. 热涨	38. 使用强氧化剂	39. 不敏感的环境	40. 复合材料

至今，TRIZ 理论在很多领域仍然适用或有着很强的借鉴和参考意义，很多新型纱线产品的开发都体现了这 40 条发明原理的一条或几条。如采用多孔结构的竹炭纤维生产的抗菌除臭纱线（采用多孔材料）、温度感应或遇水感应发生色变的纱线（改变颜色、相位变换）、采用气流加捻的转杯纺和涡流纺纱线（采用空气的或水利的结构）、收紧牵伸区的须条从扁平变成近似圆柱体的紧密纺纱线（球形化）、在牵伸区同时喂入两根粗纱的赛络纺纱线（拷贝）、粗节纱疵的质量控管演变为竹节纱的产品开发（变害为益）等。

和 TRIZ 理论相似，当我们对市场上现有的新型纱线产品进行分类归纳和总结时，我们发现新型纱线产品的创新要素大致可以分为纺纱新原料、生产新设备、工艺新技术和生产新管理等几个类别。

二、新型纱线的创新要素

1. 纺纱新原料

新型纱线创新的第一要素可采用创新开发的新型纤维材料，在棉、麻、丝、毛、涤纶等传统纤维得到进一步发展的同时，可以使用一些新型纤维，如天丝、牛奶蛋白纤维、珍珠改性纤维、竹浆纤维、甲壳素纤维、聚乳酸纤维、PTT纤维、芳纶等（图4-1），特别是近年来随着国家"碳中和、碳达峰"目标深入推进，纺织消费市场主动顺应绿色低碳发展潮流，生物基绿色可持续纺织品备受推崇。零碳天丝、环保黏胶纤维、再生涤纶、椰碳涤纶等低碳环保系列纤维原料，为新品开发提供了丰富的原料基础。另外各种功能纤维也是层出不穷，应用新型功能性纺织纤维，可赋予新型纱线保健、低碳环保等优势，如防辐射纤维、抑菌防臭纤维、吸湿排汗纤维、防紫外线纤维等。

图4-1　各种新型环保纺纱原料

2. 生产新设备

新型纱线创新的第二要素可依靠先进成熟的纺纱生产设备，目前，我国有大量的纺纱企业设备陈旧，产品品种单一，产品档次不高，因此要开发新型的纱线，一方面可对传统的环锭纺进行技术改造，如在传统的棉纺设备上进行紧密纺、赛络纺、竹节纱及包芯纱等技术改造，可有效提升纺纱技术与设备水平；另一方面，也可以使用一流的先进纺纱生产设备，如德国的全自动纺纱生产线，瑞士立达精梳机、并条机，意大利萨维奥自动络筒机等世界一流的纺纱设备。结合智能化生产技术，如在线质量检测、智能仓储、智能物流等，全面提升产品品质和生产效率。

3. 工艺新技术

新型纱线创新的第三要素是通过工艺技术进行创新，通过调整开清棉、梳理、精梳、并条、粗纱、细纱等工艺技术，提高纱线品质以满足市场需求，可以改变工艺技术参数来达到纱线品质创新的目的，也可通过改变纺纱工艺技术，如新型色纺纱在混色技术上可采用多种混棉方法，有人工小量混棉，开清棉准用混棉机，精梳、并条混条及赛络纺、并捻等多种混色技术的综合运用，从而开发出丰富多样的新型色纺纱线。

4. 生产新管理

新型纱线创新的第四要素是必须要有精细化的生产现场管理，主要包括技术管理中的原料、设备、工艺、操作、空调等五大基础管理，加强纺纱设备和纺纱工艺管理，提高纱线质量，检修工要加强巡回检修、加油检查，处理停台工作，做到当班无空锭、生产无坏车，确保设备处于完好状态。在传统的纺纱生产中，这样的复杂工作主要依赖人工，随着5G信息技术和智能AI技术的革新，这些工作逐渐被智能设备取代。截至2024年，国内大型纺纱工厂已经完成智能无人纺纱工厂的试点投产。

如山东魏桥纺织建设基于高速网络的数据采集、计算、分析、执行、追踪的数据流系统，先进的生产体系——自动化、数字化、模型化、可视化、柔性化、定制化设计，重点研发完成数据流的网格化—条筒智能运输小车，实现"无人"化生产。在原有智能纺纱E系统的基础上，自主研发魏桥纺织I系统，纵向建立各工序数据关系结构树，横向集成各信息系统全流程数据，融合多维数据立方体，建立纺纱全流程数字主线（图4-2）。在集成纺纱全流程数据的基础上，构建大数据分析算法库，对纺纱数据进行运行分析，并根据不同的纺纱应用主题优化对应智能算法，开发面向配棉、调度、工艺决策优化、质量管控、设备运维、能耗管控等主题的纺纱智能应用系统；以订单生产推进为主干，以工艺、质量、配棉为分支，可以一键查询订单全貌，实时跟踪订单生产全程，基于5G传输的纺纱全流程实时数据采集网络，实现各数据分析汇总及问题预警，满足智能化调度管理的需要。图4-3为山东魏桥纺织细纱在线检测机器人。

图4-2　山东魏桥纺织智能化纺纱车间

图 4-3　山东魏桥纺织细纱在线检测机器人

通过绿色智能纺纱工厂建设，该公司实现了生产管控、质量在线、设备远程运维、成本在线预算等管理模式的创新，各项指标提升显著。用工 10 人/万锭，同比用工减少 80%。同比传统纺纱工厂生产效率提高 37.5%，吨纱成本下降 34.7%，研发周期缩短 40%，纱线强力提高 21%，能耗下降 20.5%，产品不良率下降 36.3%。杜绝了不合格品的转序，实现了产品质量 100% 的可溯源。加快了无人化纺纱生产进程，利用 LED 灯控的智能化系统设计，使照明系统同比节电 50% 以上；通过集成空调智能化控制系统，实现了生产场地环境温差控制精度 ±1℃、湿度精度 ±2℃，同比节电 15%，大大改善了生产环境。60 英支紧密纺精梳棉纱碳足迹值，综合生物碳作用，每千克为 0.164kg CO_2 当量，居行业最优水平。图 4-4 为山东魏桥纺织智能纺纱实时数据终端。

图 4-4　山东魏桥纺织智能纺纱实时数据终端

【任务实施】

登录新型纱线行业平台网站的产品供求信息版块，收集新型纱线具体品种信息 60~80 项，并将它们进行分类汇总，对比分析新型纱线的创新要素有哪些。

【课外拓展】

（1）思考段彩纱产品开发体现了什么创新理论？

（2）思考棉/牛奶蛋白纤维/桑皮纤维（60/30/10）14.6tex 紧密纺针织纱的创新要素是什么？

➢ 【课中任务】

任务二　认识纱线创新方法

【任务导入】

　　当在进行具体的纱线创新设计过程中，可能更偏向于基于目前市场上流行纱线品种的熟悉和感知基础上，再结合一定的技术和方法进行创新开发。此时通常会用到归纳总结法，可以从各种渠道收集新型纱线的品种信息，然后将他们分别归类，总结出较为明显的大致类别。通过分析，将新型纱线创新方法分为原料色彩多元化、纱线结构新颖化、纱线性能功能化这三种。

　　下面将依据纱线色彩多元化、结构新颖化、性能功能化等纱线创新方法，结合前期所学的纱线产品设计内容，尝试创新设计一款结合市场需求的新型纱线。

【知识准备】

一、原料色彩多元化

纱线产品开发
创新方法

　　纺纱使用原料较长时期以棉花为主，由于近几年国内棉花资源紧缺，价格高位运行，为了降低纺纱对棉花的依赖，近几年国内纺纱企业先后开发用新型生物质纤维（桑皮纤维、锦葵纤维、木芙蓉韧皮纤维、柳皮纤维、甲壳素纤维等）、再生纤维（黏纤、莫代尔纤维、天丝、丝绒蛋白纤维、竹代尔纤维、有机棉、立肯诺珍珠纤维、丽赛纤维、Viloft R 纤维、圣麻纤维、牛奶蛋白纤维、大豆蛋白纤维）及合成纤维（涤纶、腈纶、锦纶、丙纶、细旦、双组分纤维、海岛纤维以及 T-400 纤维、PTT 纤维、PBT 纤维等弹性纤维）混纺开发多组分纺纱新品种；也可以采用各种单色染色棉、天然彩棉等，开发色纺纱，如图 4-5 所示，或在纺纱前对各种性质不同的原料先染色，根据消费者对服装追求时尚、新颖、色彩靓丽的要求，可以开发多色彩的色纺纱，即在一根纱线上呈现多色彩的风格（多彩色混色纱），也能采用多种原料进行混用（多则可以 5~6 种），使各种原料的性能扬长避短、优势互补。

二、纱线结构新颖化

　　为了满足国内外消费群体对服饰追求时尚、美观、个性化的需求，国内纺纱企业开发新型的纺纱（细纱）技术，如竹节纺、（单双芯）包芯纺、喷气涡流纺、缆型纺、嵌入式复合纺、扭妥纺、转杯纺、搓捻纺、捻锭纺、静电纺、磁性纺、摩擦纺、液流纺、程控纺、自捻纺、无捻纺以及轴向纺等新型纺纱方法，可加工成形态结构各异的新型纱线，使纺纱从原料变化、色彩变化向形态结构变化发展。如江苏京奕、山东德州华源都开发出了涡流

图 4-5　天然彩棉纱

纺包芯纱，可有效解决包覆不良、芯丝外露的弊端，同时也可将新型纺纱技术嫁接到纺纱其他工序生产中，例如将赛络纺技术、包芯纱技术、介入纺技术和竹节纱技术等，创造性地移植到粗纱机上，开发出了具有特殊风格的新型纱线，如将不同颜色的纤维在粗纱上用赛络纺技术进行混合，由于纤维混合不够充分，粗纱中不同颜色的纤维呈束纤维状态，经细纱牵伸后纱线色彩仍保持很强的立体感，风格独特；有企业采取将混比较小的纤维先纺成粗纱，然后将该粗纱与条子同时喂入粗纱机，经细纱工序纺成的"流光溢彩纱"富有层次变化，具有强烈的立体感和朦胧效果；也有企业利用粗纱创新技术成功开发出仿麻纱。仿麻纱在粗纱机上的生产方法与流光溢彩纱基本相同，但为了保证布面出现咖啡色节点的麻布效果，仿麻纱须根据不同的麻布风格在粗纱机上喂入的粗纱条中混用一定比例的红咖色精梳落棉。

　　由于精梳落棉中大部分纤维的长度只有 10~16mm，牵伸过程中因不易控制而形成浮游纤维，从而成束变速，纺制的纱线上会有较多的小竹节，因而织成的布面具有仿麻颗粒效果，且随着精梳落棉配用量的增加，仿麻颗粒在布面的分布状态不断加密，层次感增强。另外，企业将涤纶纤维条和棉纤维条同时通过不同口径的双口喇叭口、集棉器和集束器喂入粗纱机牵伸系统，经牵伸后，两根须条在特制托棉板的作用下将其中的涤纶须条被包裹进棉须条中，然后通过细纱机牵伸，生产出满足织造要求的棉包涤纱线。如图 4-6 所示，介入纺纱是将需要介入纱线的粗纱条经细纱机牵伸后，与从前罗拉钳口后面喂入的两根单纱同时从前罗拉钳口输出后，一起加捻成纱线，由于其结构特殊，立体感很强，可以做出色织、印染无法达到的视觉效果，采用介入原理，在生产粗纱的过程中，锭翼上方增加饰纱，经导纱钩引向假捻器使饰纱与前罗拉输出的粗纱条捻合在一起，再经细纱牵伸生产成隆纹纱，其织物布面呈现"隆纹状花纹"。也可以在粗纱机上安装竹节纱装置，用数字伺服驱动技术控制竹节纱的节长、节距和节粗，可生产出有规律或无规律的粗纱竹节纱。

三、纱线性能功能化

　　开发与扩大功能性纱线生产，既是为了适应当前市场及消费者对功能性纺织品日益增

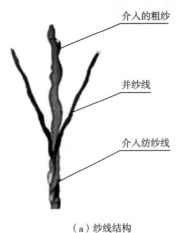

（a）纱线结构　　　　　　　　　　　　（b）生产装置

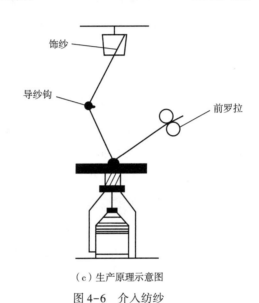

（c）生产原理示意图

图 4-6　介入纺纱

长的需求，更是企业为了加快产品结构调整步伐、规避常规纱线同质化竞争、实现产品升级的一项重要措施，因此开发与生产各种功能性纱线与纺织品也是纺纱企业业内的一个研究热点。纱线性能功能化主要借助各种功能纤维，如空调纤维、保暖纤维（Thermolite 纤维）、吸湿排汗纤维（Coolplus 纤维、CoolMax 纤维）、抗菌纤维、吸光发热纤维、抗静电纤维、远红外纤维、负离子纤维等。如无锡四棉纺织有限公司开发出冰爽凉夏系列纱、发热保暖系列纱、亲肤养肤系列纱、抗菌防螨系列纱等多组分复合功能纱线；江苏悦达纺织公司开发了功能性涤纶与腈纶复合的多功能纱线，如吸光发热与抗静电热波特纱、美雅碧纱、Micronova 与 Rentat 功能性涤纶生产的纱等；河北天纶纺织股份有限公司用20多种新型纤维开发出多种新型纱线，其中用柔丝蛋白纤维、草珊瑚纤维及纳米活性炭纤维开发的 3 种纱线，功能十分明显；德州华源生态科技公司重点推出了阻燃系列功能性纱，展示品种有芳纶 1313 与芳纶 1414 系列、兰精阻燃黏纤（TR）系列、阻燃腈纶系列、芳砜纶系列及原液芳纶等阻燃纱线，既有纯纺阻燃纱线，更多的是与精梳棉、涤纶、羊毛、导电纤维等混纺的纱线；浙江春江轻纺集团开发了短纤包芯纱、蜂窝涤纶纱、聚乳酸纱、防透纱、抗静电纱、保温纱及阻燃系列纱等多组分新型功能纱线。

【任务实施】

在初步市场调研的基础上，确定设计纱线的最终用途，并进行详细的市场调研，了解市场现有同类产品的优缺点及市场需求，运用纱线创新方法对纱线品种进行原料、风格、规格、结构、生产技术、生产管理等系统化设计。

【课外拓展】

（1）结合市场需求，设计一款结构新颖的功能性男士衬衫面料用纱。

（2）结合市场需求，设计一款色彩多元结构新颖的夏季女装面料用纱。

任务三　纱线创新设计与实施

【任务导入】

在纱线创新方法的认识和实践基础上，可以寻求一些创新的元素，以便使设计更加符合消费者的需求，甚至达到耳目一新的效果。我们可以从自然元素、色彩元素、科技元素等几个方面入手。2024 年 6 月 19 日至 21 日，第 32 届中国（杭州）国际纺织服装供应链博览会正式举行，该展会是行业内重要的设计师交流和商贸平台，汇聚了大量国内外品牌设计师、供应商和专业采购商。海宁中国家纺城杭海面辅料中心首次联合多家生产厂家组团参与。在其组织推动下，各参展企业积极"登台"，新款国潮的时尚服装面料、风格新颖的时装面料和服装服饰精彩亮相，展品数量达到 200 款以上。其中一款巨幅孔雀牡丹图，由浙江理工大学——海宁中国家纺城时尚面料创新中心 4 万针级大型提花织机织造而成，结合灯光的多维落层搭配，充分表达了国潮、国风的文化内涵和非遗织锦的技术特色，成为展会一大热点，体现出中国文化精粹的巨大魅力。在产品推广模式向新媒体转变的今天，弘扬祖国优秀传统文化、结合时尚热点，一定会给设计的新产品增加更多的魅力。

本次任务中要将前期的新型纱线产品设计融入创意设计元素，并组织实施创意设计，进行纱线小样试制与修正。

【知识准备】

一、新产品创意设计

创意设计是由创意与设计两部分构成，是将富于创造性的思想、理念以设计的方式予以延伸、呈现与诠释的过程或结果。新型纱线的创意设计可依托自然元素、色彩元素及科技元素，从而开发出一定创意特性的新型纱线。

纱线创意设计

1. 融入时尚自然元素

在新型纱线的创意设计过程中，纺纱企业将一些优美的自然现象融入到新型纱线的开发过程中，使开发出来的创意纱线给人以清新亮丽的感觉。百隆东方股份有限公司作为一家集研发、生产、销售色纺纱于一体的外商投资股份制企业，一直以来，百隆都坚持自己独特的色纺纱开发理念，在强调环保、绿色、创新的基础上，将各种自然元素融入到纱线中，使产品展现出特别的自然风采，如百隆集团开发的"云纹纱"，灵感源自天上浩荡的层层云群，将其形态通过柔和的丝与点表现，并且通过对不同时段、不同季节云层的记录，设计了多种代表天空的颜色；"隆纹纱"借鉴了湖面的波光粼粼以及流星造访夜空的场景，通过断点的线牵引出自然、浪漫、随意的画面感；"穗纱"的灵感来源于麦田的景色，分初生麦穗和成熟麦穗两种风格，用不同繁密程度的椭圆点表现田园里麦穗的生长过程，创意十足。

2. 融入时尚色彩元素

纱线作为纺织产品前道生产中的半成品，不仅仅关系到织物后道生产的效率，也决定着织物的质量、功能性、档次、外观等。在纺织行业面临严峻挑战的今天，纱线企业越来越认识到流行趋势导向的重要性，把创意与纱线产业相结合，通过色彩与多种纤维的有机结合体现各种纱线产品主体，如"绿野寻踪"体现旅行、新思潮、理想主义，利用纯粹的棉、亚麻和竹纤维，不添加任何其他材料，给消费者呈现一种最干爽的外观并用简洁的本色和清新的绿色、趋向泥土的棕色为主体，以暖灰色、紫色和粉红色作为配色；"都市光影"体现都市、柔和、现实主义，使用透明感的超细纱线、羊毛、羊绒/真丝/长绒棉混纺纱，呈现一种绞花结构，并搭配奶白色、薰衣草色、淡绿色、夏季驼色和冰激凌的彩色；"心灵驿站"体现质朴、禅意、归因主义，用酒椰纤维和高捻度亚麻带来起皱效果，搭配饱满的糖浆色调和占金色，奢华的金、铜结合浓郁的紫色表现出这一主题；"逍遥乐士"体现乐观主义、民族性、艺术性、自由主义，采用纯棉纱线、黏胶纤维和腈纶混纺段带纱，并结合洋溢青春气息的亮丽色，如宝石蓝、橙红色、亮黄色、玫瑰色，与白色和黑色形成强烈的反差，从而体现这一主题。

3. 融入时尚科技元素

随着科技的迅速发展，纺织技术也不再是一门的独立的学科，而是已经逐渐扩展到其他学科，形成了交叉的现代纺织技术，纺纱技术可以依靠温度、光线、电等科技元素开发感光变色纱线（图4-7）（见封二彩图5）、感温变色纱线（图4-8）、夜光发光纱线（图4-9）（见封二彩图6），以及电致变色纱线。感温变色纱线是一种随温度上升或下降而反复改变颜色的产品，常见使用变色温度为31℃，俗称手摸变色、手感变色，感温变色纱线的变色温度有：18℃、22℃、31℃、33℃、45℃、65℃，可逆感温变色纱线在显色状态有以下15个基本色（低温有色，高温无色），除基本色外，还可根据客户要求配置其他颜色：橙色变黄色、绿色变黄色、紫色变蓝色、紫色变红色、红色变黄色、蓝色变黄色、紫红色变浅蓝色、紫蓝色变浅红色、咖啡色变红色等，目前有 PP/PE 感温变色纱线。感温变色纱线用途广泛，可以制作饰品、纺织品、假发、织带、商标等。感光变色纱线经阳光/紫外线照射后产生颜色变化；当失去阳光/紫外线后会还原回原本的颜色，目前有 PU/PVC 感光变色纱线。夜光发光纱线先吸收各种光和热，转换成光能储存，然后在黑暗中自动发光，通过吸收各种可见光实现发光功能，该产品不含放射性元素，并可无限次循环使用，尤其对 450nm 以下的短波可见光、阳光和紫外线光（UV 光）具有很强的吸收能力，长效夜光纱线有长效型 6 色、普通型 1 色，可添加各色荧光剂调色，各色夜光材料可相互混合调色，夜光发光纱线用途广泛，可以制作饰品、纺织品、假发、织带、商标等。电致变色纱线是指纱线的光学属性（反射率、透过率、吸收率等）在外加电场的作用下发生稳定、可逆的颜色变化的现象，在外观上表现为颜色和透明度的可逆变化，在纱线原料内部加入的具有电致变色性能的材料称为电致变色材料。

图 4-7　感光变色纱线

图 4-8　感温变色纱线

图 4-9　夜光发光纱线

二、新产品创意实施

美国著名广告专家詹姆斯·韦伯·扬指出：创意是一种组合，组合商品、消费者及人性的种种事项。新型纱线创意是一种通过创新打破传统纱线开发的思维意识，从而进一步挖掘和激活其他资源组合方式进而提升资源价值的方法，进而扩大纱线消费群体。新型纱线的创意主要依靠自然元素、色彩元素及科技元素开发新型纱线，因此在新型纱线创意实施过程中，必须在人力、物力等资源上相互有效配合。

1. 创意实施设计人才的组合

新型纱线创意实施过程中，不能再仅仅依靠纺纱企业内部的工作人员完成，需要集艺术、美术、创意设计、染整专业、化纤材料、电学等多个专业的人才，新型纱线融入自然元素时，需要艺术专业工程师将自然现象转化为新型纱线可实现的要素，这需要艺术专业工程师、创意设计工程师及纱线工艺设计工程师三者之间的沟通，形成最后的新型纱线创意开发的实施方案；新型纱线融入色彩元素时，美术专业工程师必须经过前期大量的市场颜色流行趋势调研，确定时尚色彩元素，当色彩确定好，由染整专业工程师结合不同的原料并针对需要的色彩进行纤维染色工艺设计及制样，同时由美术专业工程师与纱线工艺设计工程师确定纱线纤维色彩的搭配及最后的新型纺纱工艺方案；新型纱线融入科技元素时，需要化纤材料、电学、美术、纱线工艺设计工程师三者之间的有效配合，化纤纺丝之前，必须要明确加入感光变色、感温变色材料的量，通过美术专业工程师确定颜色的变化和种类是否满足客户最终的要求，当感光变色、感温变色等纤维材料生产后，纱线工艺设计工程师需要根据纤维材料的性能特点确定最佳的纺纱工艺设计实施方案。电致发光纱线的开发还需要电学人才的加入，才能较好地实施开发电致发光纱线。

2. 创意实施设计生产加工的组合

新型纱线创意实施过程中，除了需要各种纱线创意设计人才外，完好的加工生产设备及其生产技术操作人员也是必不可少的，如需要有优良的化纤生产设备（根据纤维材料的种类，有不同的纺丝方法：干法纺丝、湿法纺丝、聚合物挤压纺丝等）、优良的染色设备（根据色彩需求的不同，采用不同的染色方法：散纤维染色、筒纱染色、毛条染色等）、优良的纺纱生产设备（根据纱线质量的要求，有不同的纺纱流程：普梳环锭纺纱、紧密纺纱、涡流纺纱、竹节纱等），在设备运转优良的前提下，还需要经验充足的生产技术操作人员，在遇到化纤纺丝生产难题、染色不均技术问题、纺纱生产质量等技术难点时，能依靠自己积累的工作经验解决问题，使生产加工过程顺利进行，保证新型纺纱的产品质量。

3. 创意实施的反复验证

当新型纱线试纺成功后，并不能认为新开发的纱线就能满足客户的需求，首先必须进行纱线各项常规性能的检测，如纱线的断裂强度、线密度、条干均匀度、毛羽等，若常规性能满足要求，还必须验证新型创意纱线的特殊功能是否能达到最终的实用要求，同时要预判出性能的稳定性如何，如感光变色纱线、感温变色纱线需要界定它们暴露在一定的光照条件、温度条件下，是否达到了需要转换的各种颜色，同时颜色保持性如何，若这些指标还未达到最终需求，则必须和设计人员重新调整创意设计方案，并及时进行创意纱线的生产实施；又比如电致发光长丝纱，需要界定当它们暴露在一定的电流条件下，是否达到了设计的颜色要求，当电流消失之后，长丝纱电致发光后的颜色保持的时间是否达到了客户的最低标准，这些都需要与客户做进一步的确认，若未达到，则需要重新设计和调整生产方案。

【任务实施】

完善纱线新产品创新创意设计内容，提出实施产品所需的设备改造，制定合理的技术路线和生产工艺，组织纱线小样试制与修正。

【课外拓展】

（1）思考设备改造对于纱线产品质量及生产过程管理的影响。

（2）根据新型纱线产品小样试制心得，思考新型纱线产品开发人才岗位的能力要求。

任务四　新产品立项与技术评审

【任务导入】

国家为了规范新产品、新技术，鼓励能力强的科技型企业组织国家或省级新产品、新技术的鉴定，促进技术与经济的结合。伴随纺织科技创新从跟跑、并跑，到领跑时代的到来，新型纱线产品层出不穷，为维护在市场竞争中的地位，纺纱企业有必要对开发的新型纱线进行新产品、新技术的评审与鉴定，这项工作通常是较为严谨和苛刻的，需要对前期先锋试样或中样试产的产品提供一整套技术文件，主要包括计划任务书、试制总结、技术总结、产品标准、检测报告、查新报告、标准化审查报告、技术经济分析报告、用户试用报告等。

本次任务将针对前面创新创意设计与实施小样试制的产品，了解产品技术评审与投产鉴定的相关程序和要求，提出评审鉴定申请，拟定技术评审与投产鉴定的相关文件。

【知识准备】

一、鉴定的一般范围与原则

（1）新产品、新技术的鉴定范围是指列入国家和省技术创新项目计划和新产品试产计划的新产品、新技术（图4-10为新产品项目来源国家级星火计划和省火炬计划立项证书），实施项目计划过程中研究开发的新产品、新技术，以及企业自行开发，提出鉴定申请的重大新产品、新技术。具体分为新产品投产鉴定、新产品样机（样品）鉴定、新技术鉴定。

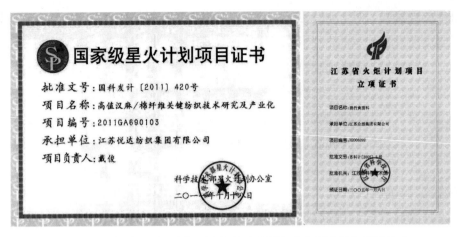

图 4-10　新产品项目来源国家级星火计划和省火炬计划立项证书

（2）涉及人身安全、健康和社会公共利益以及国家有特殊规定的新产品、新技术的鉴定工作，按国家有关规定执行。

（3）新产品、新技术鉴定由企业主管部门或行业协会组织有关专家，按照相关《新产品新技术鉴定验收管理办法》和《新产品新技术鉴定实施细则》的要求和程序，对纺纱企业技术创新活动中形成的新产品、新技术的主要技术指标、技术水平、市场前景、生产能力和社会经济效益等进行综合审查和评价，作出相应的结论，经审批形成新产品鉴定证书。

（4）新产品、新技术的鉴定证书作为一种具有法律效力的文件，是纺纱企业组织新型纱线产品投产，实施新型纱线纺纱技术推广应用和转让，申领生产许可证、准产证，参加重大项目招标，申报市级以上科技进步奖、技术发明奖励以及申请享受国家有关扶持政策的主要依据。

（5）新产品、新技术鉴定工作要坚持科学严谨、客观公正、注重质量、讲究实效的原则，确保鉴定工作的严肃性、科学性。

二、鉴定的主要内容

1. 新产品投产鉴定的主要内容

（1）审查生产管理用技术文件的完整性、正确性、统一性，评价是否符合国家有关技术基础标准，作出是否可以指导批量生产的结论。

（2）审查试制产品是否符合产品标准及相关技术标准，评价其先进性。

（3）审查是否具备生产设备、工艺设计、检测手段，安全、卫生、环保是否符合要求。

2. 新产品样品鉴定的主要内容

（1）审查提供鉴定的技术文件的完整性、正确性、统一性。

（2）审查样品的各项技术指标是否符合产品技术条件，评价其技术水平。

（3）考核新产品是否具备试产所需的条件，安全、卫生、环保是否符合要求。

3. 新技术鉴定的主要内容

（1）审查提供鉴定的技术文件的完整性、正确性、统一性。

（2）审查新技术的各项技术指标是否符合技术任务书的要求，评价其技术水平。

（3）审查新技术是否具备推广应用所需的条件，安全、卫生、环保是否符合要求。

三、鉴定需具备的条件

新型纱线新产品投产鉴定、产品样品鉴定及新技术鉴定一般应具备下列条件：

（1）已完成新产品项目开发任务或试产计划，试产的新型纱线产品已经法定检测单位按国家标准或行业标准进行相关检验检测，且结果符合标准要求，并经 2 家以上用户试用；已完成新型纱线产品样品的试制计划，并经权威检测单位检测；已完成技术任务书规定的研究任务，新技术经过与目前现有的相关技术对比测试。

（2）具备投产鉴定所需的全套技术文件（含产品标准或技术条件）。

（3）具备投产所需的工艺设备、产品出厂的检测设备及相关的原材料、外购、外协件检验设备。

（4）产品及其生产过程已执行环保、安全、卫生等有关规定。

（5）无知识产权争议。

（6）符合规定的鉴定申报程序。

四、鉴定应具备的技术文件

申请新产品投产鉴定一般应具备下列文件：

（1）计划或技术任务书。对新产品投产或样品鉴定应提供计划任务书，提出试产数量、进度安排、责任人、资金的筹措与使用。对新技术鉴定应提供技术任务书，提出试制产品要达到的技术指标，技术文件要达到的要求，设备、工装、检测手段要达到的要求，试产过程中要解决的技术问题，各阶段进度安排及责任人。

（2）试制总结。主要内容为项目来源，市场前景分析预测；试制数量和时间、试验数量和时间、试用数量和时间；试制各阶段解决的问题；尚存在的问题及解决方案。

（3）技术总结。主要内容为试制技术方案概述、试制产品各项技术指标，各项技术问题的解决方法及结论，尚存技术问题及解决方案。

（4）产品标准。对新产品投产或样品鉴定应提供国家标准或行业标准。对没有国家标准、行业标准的新产品，企业应当依据相关的国家标准、行业标准、地方标准制定企业标准，并按有关规定进行审查、备案、发布。

（5）检测报告。由国家、省有关部门认定的专业检测机构抽样检测或技术测试，出具的产品检测报告或技术测试报告。

（6）查新报告。国家认定的有资格开展情报检索业务的情报检索机构出具的查新报告。

查新报告的结论应有与国内外同类产品的对比数据，对先进性进行定性和定量的分析评价，对创新性给出明确具体的结论。

（7）标准化审查报告。新产品投产或样品鉴定应对产品的形式、基本参数、性能指标、产品图样和技术文件符合标准的程度及完整性程度，工艺文件和工艺装备图样符合标准化情况，材料的标准化情况作出审查，计算出标准化系数，并对标准化的经济效果做出分析。

（8）技术经济分析报告。对试制产品主要技术指标与国内外同类产品进行对比分析，对技术的先进性做出评价。对技术方案的市场接受程度、批量生产能力、投资情况分析、评价技术方案的经济性。

（9）用户试用报告。对新产品投产或样品鉴定应提供用户试用报告，分析在试用过程中产品的技术性能，评价是否满足用户的技术要求。

（10）涉及环境保护和劳动保护等的新产品，需有关主管部门或机构出具的报告和证明。

五、鉴定的申请审批程序

（1）由新型纱线产品或新技术的开发单位填写“新产品新技术鉴定验收申请表”，基本格式如图4-11所示，连同全套鉴定技术文件，报行业主管部门或市技术创新归口管理职能部门进行初步审查，经初步审查合格签署意见后，报省主管部门审批。

新产品新技术鉴定验收申请表

产品（技术）名称			项目计划编号		
完成单位					
联系人			联系电话		
项目资金构成					
项目起止时间					
项目完成单位意见	盖章 年 月 日				
县（区）经信委（局）意见	盖章 年 月 日				
市经信委意见	盖章 年 月 日				
鉴定组织单位意见	鉴定类别		是否委托市经信委主持	是□	否□
	鉴定方式	会议	鉴定证书编号： 苏经信鉴字（20 ） 号		
	盖章 年 月 日				

注：1、如有几个项目完成单位，所有项目完成单位皆需在项目完成单位意见栏盖章。
2、“鉴定组织单位意见”栏的所有内容由省经信委填写。

1

提供鉴定的文件目录

文件名称	提供单位

2

鉴定委员会成员推荐名单

序号	鉴定会职务	姓名	所学专业	从事专业	职称（职务）	工作单位

注：1、推荐名单中的专家须经省经信委确认后才能邀请。
2、与完成单位及其项目合作单位有利益关联的人员不能列入推荐专家名单。

3

图4-11 新产品新技术鉴定验收申请表基本格式

（2）省主管部门（经济与信息化委员会）收到新产品、新技术鉴定申请后，即对所报全套鉴定技术文件进行审查，经审查合格，即行批复，对鉴定作出安排。根据企业的规模和项目重要程度，分三种情况作出处理，一般项目委托市主管部门主持鉴定、重大项目由省主管部门主持鉴定、特别重大的项目报请国家主管部门组织鉴定。

六、鉴定过程的一般要求

（1）鉴定主持单位根据新型纱线具体项目及鉴定类别决定鉴定形式，投产鉴定必须在纺纱生产企业当地按会议鉴定形式进行，且必须进行现场产品复测。为个别用户研制的新产品或新技术可以采用合同验收，无须审查技术文件的可以采用检测鉴定形式。

（2）鉴定主持单位召集有关专家组成鉴定委员会，由鉴定委员会负责鉴定的技术评议过程，并最后形成鉴定结论及鉴定证书报批文件。鉴定委员会的职责要求：接受鉴定组织和主持单位的领导，并对其负责；坚持实事求是、科学严谨的态度，对新产品、新技术进行审查和评价；组织审议新产品、新技术的答辩、验证试验和评议；提出鉴定报告，对结论持有异议的问题，要在报告中注明，全体成员要在鉴定证书上签字；鉴定委员会的主任委员对鉴定结论负责，每位专家有权充分发表个人意见。

（3）鉴定委员会的组成原则：鉴定委员应由同行和用户专家 7~15 人组成，一般为单数。专家一般应具有高级技术职称。也可酌情邀请具有中级职称的行业中青年专家参加。项目开发单位的人员原则上不得进入鉴定委员会。

（4）鉴定会结束后，开发单位在一个月内印好鉴定证书，鉴定证书采用统一格式。将鉴定证书 10 份，鉴定证书原稿 1 份送到鉴定主持单位审查盖章，最后报送鉴定组织单位签署意见，盖章、正式颁发鉴定证书。

（5）鉴定组织单位将鉴定申请表 1 份、鉴定证书 1 份归档。鉴定主持单位、开发单位也应根据各自的档案管理规定，对鉴定的技术文件、鉴定证书进行归档。

【任务实施】

以"高含量空调纤维/棉混纺纱"新产品为例，说明起草的新产品鉴定大纲。

高含量空调纤维/棉混纺纱 新产品鉴定大纲

一、产品型号、名称

高含量空调纤维/棉混纺纱，规格："空调纤维 40/棉 60 28tex 21 英支"纱。

二、鉴定依据

（1）项目计划任务书。

（2）FZ/T 12029—2023《精梳棉与黏胶混纺色纺纱线》。

三、鉴定性质

（1）新产品鉴定。

（2）科技成果鉴定。

四、鉴定内容

（1）审查该产品工艺设计，技术指标是否达到标准和设计要求。

（2）审查该产品技术资料、文件是否完整、齐全、正确、清晰，是否具有批量生产的能力。

（3）审查该产品生产技术、经济指标的合理性和推广应用的可行性。

五、提供审查和鉴定的主要技术文件

（1）鉴定大纲。

（2）计划任务书。

（3）产品试制总结报告。

（4）产品技术总结报告。

（5）工艺设计书。

（6）经济效益分析报告。

（7）产品标准。

（8）产品检测报告。

（9）用户意见。

（10）查新报告。

六、鉴定程序

（1）成立鉴定委员会。

（2）通过鉴定大纲。

（3）试制单位介绍有关技术。

（4）审查技术文件、认定产品检测报告。

（5）参观生产现场和检测设备。

（6）讨论通过该产品鉴定意见。

（7）鉴定委员会成员签字。

图 4-12 为省级新产品新技术鉴定证书案例。

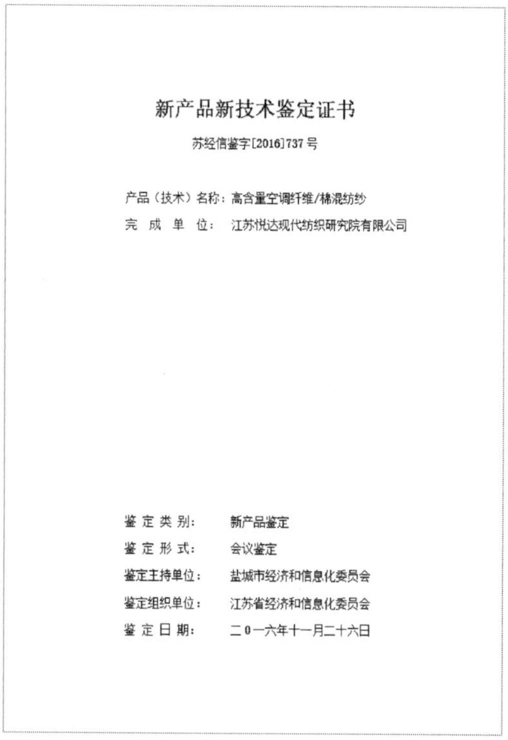

新产品新技术鉴定证书

苏经信鉴字[2016]737 号

产品（技术）名称：高含量空调纤维/棉混纺纱

完 成 单 位：　江苏悦达现代纺织研究院有限公司

鉴 定 类 别：　新产品鉴定

鉴 定 形 式：　会议鉴定

鉴定主持单位：　盐城市经济和信息化委员会

鉴定组织单位：　江苏省经济和信息化委员会

鉴 定 日 期：　二0一六年十一月二十六日

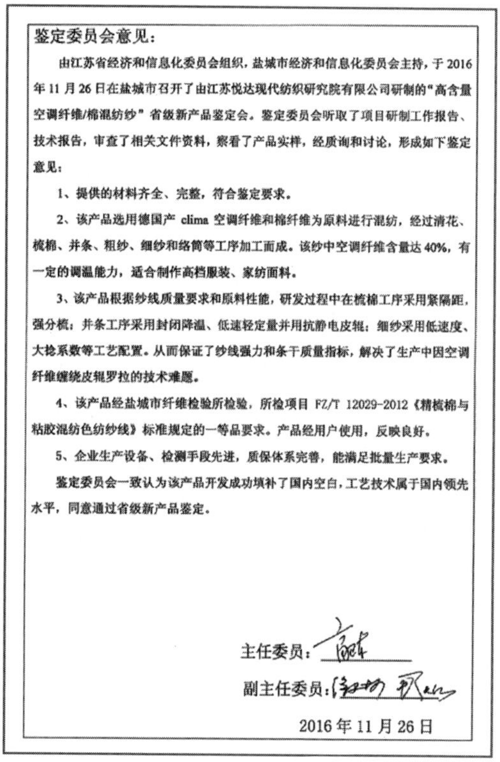

鉴定委员会意见：

由江苏省经济和信息化委员会组织，盐城市经济和信息化委员会主持，于 2016 年 11 月 26 日在盐城市召开了由江苏悦达现代纺织研究院有限公司研制的“高含量空调纤维/棉混纺纱”省级新产品鉴定会。鉴定委员会听取了项目研制工作报告、技术报告，审查了相关文件资料，察看了产品实样，经质询和讨论，形成如下鉴定意见：

1、提供的材料齐全、完整，符合鉴定要求。

2、该产品选用德国产 clima 空调纤维和棉纤维为原料进行混纺，经过清花、梳棉、并条、粗纱、细纱和络筒等工序加工而成。该纱中空调纤维含量达 40%，有一定的调温能力，适合制作高档服装、家纺面料。

3、该产品根据纱线质量要求和原料性能，研发过程中在梳棉工序采用紧隔距，强分梳；并条工序采用封闭降温、低速轻定量并用抗静电皮辊；细纱采用低速度、大捻系数等工艺配置。从而保证了纱线强力和条干质量指标，解决了生产中因空调纤维缠绕皮辊罗拉的技术难题。

4、该产品经盐城市纤维检验所检验，所检项目 FZ/T 12029-2012《精梳棉与粘胶混纺色纺纱线》标准规定的一等品要求。产品经用户使用，反映良好。

5、企业生产设备、检测手段先进，质保体系完善，能满足批量生产要求。

鉴定委员会一致认为该产品开发成功填补了国内空白，工艺技术属于国内领先水平，同意通过省级新产品鉴定。

主任委员：

副主任委员：

2016 年 11 月 26 日

图 4-12　高含量空调纤维/棉混纺纱省级新产品新技术鉴定证书案例

【课外拓展】

学习起草简单的产品试制总结报告、产品技术总结报告、工艺设计书等文件。

任务五　新型纱线知识产权保护

【任务导入】

在“一带一路”倡议实施的十年之中，中国纺织服装企业充分结合、利用“一带一路”共建国家和地区和我国在纺织服装领域的互补性，实现共享、共赢，纺织服装产品出口持续保持良好增长态势。在“十二五”和“十三五”期间，我国纺织服装企业远赴海外进行投资，投资额持续加快，并在纺织技术、标准、产能、设计等多个方面开展国际合作。2022 年 9 月至 2023 年 8 月，我国纺织服装产品累计出口额为 3044. 92 亿美元，在世界上占比超过 1/3，稳居世界第一位。在技术创新方面，新型纤维材料、绿色智能制造、信息化管理等领域一批“卡脖子”难题被逐一突破。

在全球经济重构的背景下，西方发达国家在高端技术和装备等领域加强了控制力，纺织行业作为我国走向国际化发展的先行产业，在国际贸易竞争中面临艰难考验。此外，随着 5G 信息技术升级，纺织服装产业的科技面临快速迭代更新，纺织服装高端转型产业链生态带来了巨大的市场潜力和经济效益，各国之间的纺织服装产品贸易、投资竞合关系等更加复杂，种种原因诱发企业知识产权侵权纠纷进一步滋生和加剧。据数据显示，自 2000 年以来，我国纺织服装企业遭遇较大的国际专利纠纷就有 20 余起，牵涉到的赔偿金就多达 10 余亿美元。中国在过去的很长一段时间里都依赖贴牌生产存活，因此，纺织行业的知识产权纠纷案例多发生在终端纺织消费市场——品牌、服装贸易。这样的经营模式最终导致了终端品牌建设的匮乏，直接影响了我国纺织服装企业在国内外申请的专利和注册的商标数量相对较少，从而导致我国应对专利侵权诉讼的能力就比较弱。在专利纠纷案件中，发达国家先进的纺织服装企业一直垄断着关键核心技术，常常利用自身拥有的专利权对国内同类产品的企业提起侵权诉讼，因此，我国企业在技术创新与产权保护道路上经常遭受困境。

国内纺织服装企业逐渐重视技术创新和知识产权保护，不断突破国外优势企业的技术壁垒，研发出具有自主知识产权的新技术、新产品，涉诉专利数量虽然有所攀升，但是专利申请的不断积累使得应诉和谈判的筹码有所增强。加强自主技术创新和专利布局，止于未发，提升风险防范识别力，才能在国际竞争中始终占据优势位置。本次任务将根据设计新型纱线产品的试制技术报告，尝试起草一份实用新型专利的申报材料。

【知识准备】

创新是一个民族进步的灵魂，是国家兴旺发达的不竭动力。当今，知识经济时代到来，国际上在知识和科学技术方面的竞争日益激烈。为增强我国科技实力，国家实施了创新工程，其目的就是依靠技术创新，实现经济的跨越式发展，使我国的综合国力能跻身于世界前列。

一、知识产权保护的意义

在实施新型纱线创新开发工程的同时，不能忽略一个极为重要的问题：怎样才能使企业创新出来的新型纺纱技术优势在一定的时期内保持下去。因此必须加强新型纱线开发知识产权的保护。新型纱线开发技术创新是纺织科技创新的一个重要组成部分，因此纺纱企业必须要重视创新知识产权的保护，增强纺纱企业的核心竞争力，这是国内纺纱企业赢得国际竞争力的必由之路。面对经济全球化，国内的纱线行业目前正在加快结构调整和纺纱产业转型升级，以纺纱技术信息化带动纺纱企业工业化，以创新积累带动传统纺纱的生产要素积累，大力实施"走出去"战略，广泛开展国际经济交流合作，并将保护自身知识产权摆到突出的位置，可顺应新型纺纱企业自身发展的迫切需要和国际竞争的发展趋势。

二、商标保护实施

商标保护是指对商标依法进行保护的行为、活动，商标保护也是指对商标进行保护的制度（程序法或实体法），商标保护的作用在于使商标注册人及商标使用权人的商标使用权受到法律的保护，告知他人不要使用与该商标相同或近似的商标，追究侵犯他人注册商标专用权的违法分子的相关责任。保证广大的消费者能够通过商标区分不同的商品或服务的提供者。同时，最大限度地维护消费者和企业的合法权益。商标保护是通过商标注册，确保商标注册人享有用以标明商品或服务，或者许可他人使用以获取报酬的专用权，而使商标注册人及商标使用人受到保护。

目前国内许多纺纱企业已经有很强的商标保护意识，为了确立自己的品牌特色，也为了让纱线消费者认识并认可自己的品牌，纺纱企业逐渐建立起自己的纱线品牌商标，如图4-13所示，国内比较知名的华茂、无锡一棉、魏桥纺织、华孚色纺、百隆东方等纱线生产企业，都有自己的商标品牌。若纱线品牌受到侵犯，纺纱企业商标保护有两种方式，一种是由国家各级工商行政管理部门或公安经济侦查部门主动行使权力，对主管辖区内发生的假冒注册商标、商标侵权案件进行依法查处；另一种是由企业、个人向上述两个权力部门举报商标违法、犯罪行为或由相关商标使用权人向法院起诉商标侵权。商标保护期限为自商标注册公告之日起十年，但期满之后，需要另外缴付费用，即可对商标予以续保，次数不限。

图4-13　中国优秀纱线品牌代表

三、专利保护实施

专利一般是由政府机关或者代表若干国家的区域性组织根据申请而颁发的一种文件，这种文件记载了发明创造的内容，并且在一定时期内产生这样一种法律状态，即获得专利的发明创造在一般情况下他人只有经专利权人许可才能予以使用。在我国，专利分为发明、实用新型和外观设计三种类型。三种专利的证书样式如图4-14所示。专利是受法律规范保护的发明创造，它是指一项发明创造向国家审批机关提出专利申请，经依法审查合格后向专利申请人授予的、在规定的时间内对该项发明创造享有的专有权，专有权具有独占的排他性。非专利权人要想使用他人的专利技术，必须依法征得专利权人的同意或许可。企业在研制开发新产品阶段、专利申请阶段和专利应用阶段的整个过程中，都要高度重视相关技术文件的有效保护，才能保证企业应有的合法权益，争取企业应有的利益最大化。

图 4-14 专利证书的样式

1. 专利开发、研制阶段的保护战略

因为许多新型纱线的开发及研制需要一定的时间，因而很多企业也就忽略了这一阶段的保护，因为这一环节是专利保护体系中最薄弱的一个环节。一直以来，企业都认为专利保护是从企业的新产品研制成功或新技术开发成熟，可以申请专利时开始，这就使得企业重复开发，引发专利纠纷；或因保密工作做得不好，开发人员擅自以论文的形式对外公布成果，而使新型纺纱技术丧失"新颖性"，新型纺纱企业无法申请专利。在专利开发、研制阶段，新型纺纱企业对专利的保护应注意以下几个方面。

（1）加强专利文献信息的检索、查询。新型纺纱企业在进行新型纱线产品开发、新型纺纱技术研制前，首先要做好专利文献的检索、查询工作，通过专利文献所提供的技术资料，了解本技术领域内国内外最新科技成果和研究动态，从而减少专利纠纷，避免重复开发，以降低新型纱线产品开发、新型纺纱技术研制中的风险，节省研究经费，确定正确的研究方向，为企业的专利申请奠定良好的基础。

（2）订立开发协议。随着经济的高速发展，专利技术的开发形式趋于多样化，由此而产生的专利纠纷数量日益增多，形式也日益多样化、复杂化。因此，为避免纠纷的发生，维护新型纺纱企业的合法权益不受侵害，新型纺纱企业在专利开发时，应通过签订专利开发协议明确专利开发各方的权利、义务，以保障专利开发的顺利进行。特别是对于参加开发的有关新型纺纱技术人员的有关保密、成果发布、资料保管、利益分配等均应有明确规定。

（3）重视开发、研制过程中的保密工作。目前，纺纱企业的保密意识已经有所增强，但对于专利研制、开发阶段的保密工作，重视程度还很不够，为维护企业的合法权益，新型纺纱企业应做好以下两方面的工作。

①纺纱企业内部成立保密领导机构，制定健全的保密规章制度。如对于企业内的原料

使用、技术参数、工艺流程等设专人管理，分级存放，平时上锁；确定机密车间，非经准许不得入内，对复印机、传真机、电话机的使用以及来往信函的收发，规定一定的控制监督程序等。

②纺纱企业与员工签订劳动合同时，应同时签订保密协议、竞业禁止协议，明确保密的范围、手段及违约责任，以防止因人员流动而造成泄密，致使企业遭受重大损失。

2. 专利申请阶段的保护战略

由于我国《中华人民共和国专利法》关于专利授予规定的是申请在先原则，即专利权授予在先申请的发明人，因此，当纺纱企业的一项新型纱线产品已开发成功或新技术已研制成熟，符合专利申请的条件时，纺纱企业应当及时向专利申请机关提出专利申请，防止因他人抢先申请而使企业合法权益遭到侵害。同时，对于可以分阶段申请专利的纺纱新技术或纺纱新产品，纺纱企业可分段申请，在取得阶段性成果时，先就阶段性成果申请专利权（实用新型获发明专利），待整个专利技术或产品研究成功后，再就新研究部分的成果申请专利权，这样更有利于企业专利权的保护。

新型纱线专利权的申请可委托专利代理机构办理，也可由发明人自行办理。纺纱企业申请发明或实用新型专利的应当提交请求书、说明书及其摘要和权利要求书等文件；申请新型纱线外观专利的应当提交请求书以及该外观设计的图片或照片等文件，并且应当写明使用该外观设计的产品及其所属的类别。

在专利申请过程中，纺纱企业还应当明确专利申请权的权属，即区分职务发明与非职务发明，以及合作开发、委托开发的专利申请权归属。

职务发明与非职务发明的界定，依据《中华人民共和国专利法》及《中华人民共和国专利法实施细则》的规定，职务发明是指：

（1）在本职工作中做出的发明创造。

（2）履行本单位交付的本职工作之外的任务所做出的发明创造。

（3）退休、退职或调动工作一年内所做出的与本职工作有关的发明创造。

图4-15和图4-16分别为科研院所及企业针对新型纺纱技术授权的实用新型和发明专利证书。职务发明创造的申请权和专利权都归单位所有。同时，修改后的《中华人民共和国专利法》规定：对利用本单位的纺纱技术条件所完成的发明创造若单位与发明人、设计人在事先订立了合同，对申请专利的权利和专利权的归属作了约定，就应当按照双方的约定执行。

在合作开发、委托开发时，双方应事先约定专利申请权及专利权的归属，若双方无约定的，依《中华人民共和国专利法》的规定，专利申请权及专利权属于完成或者共同完成专利权的单位或个人。此外，因专利技术具有地域性的特征，纺纱企业在本国获得专利权后，一般只能在本国范围内受到保护。若纺纱企业想开拓国际市场，扩大专利保护空间，在国外获得保护，纺纱企业还应向国外申请专利。

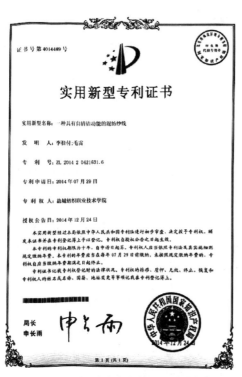

（a）一种具有自清洁功能的混纺纱线　　　　（b）精梳棉纤维·玉米纤维长丝包芯纱

图 4-15　新型纺纱——实用新型专利证书

（a）桑皮纤维及黏胶基甲壳素纤维混纺纱线　　　（b）超短细柔纤维聚绒纺纱及其生产方法
　　　　及其加工工艺

图 4-16　新型纺纱——发明专利证书

3. 专利应用阶段的保护战略

纺纱企业在专利申请获准，拥有专利权后，更应加以重视、认真考虑的问题是：如何充分、有效地应用这一专利，使本企业能在竞争中占据优势，实现专利技术的产业化。目前，纺纱企业专利技术的产业化通常有以下几个途径：纺纱企业自行实施该专利技术，生产、销售专利产品，提高本企业纺纱产品的科技含量，从而提高本企业的市场竞争力；将对该企业的技术发展作用不大的专利技术进行转让，以获得专利转让费；与他人签订专利实施许可合同；将本企业无能力自行开发的新型纺纱专利技术投资，如与他人联营、技术入股等，充分实现该专利的经济效益。在专利应用阶段，纺纱企业对专利的保护，应注意以下几个方面。

（1）维持专利权效力。按时缴纳专利年费，维持专利权的效力是企业专利保护的前提。有的纺纱企业在获得专利权后，因专利实施一时受挫，收益不大，便停止缴费，使专利权被专利管理机关公告终止。后发现别的纺纱企业生产本专利产品，获利颇丰，很是后悔，但已无法补救。因此，是否停止缴费，放弃专利，企业应慎重考虑，不应因为一时的失误导致企业资产的大量流失。

（2）签订合法有效、权利义务关系明确的合同。纺纱企业在专利转让、许可及投资过程中，应重视合同的订立，使合同一方面能保障转让、许可或投资的顺利进行，另一方面在纠纷发生时，能维护纺纱企业的合法权益，尽快解决纠纷。为此，纺纱企业应特别注意违约责任的确定、纠纷处理条款的订立及有关专利技术条款的完备，同时，注意合同条款的可操作性。

（3）关于专利技术的后续研究。21世纪是知识经济的世纪，科学技术的发展日新月异，纺纱企业在对专利技术应用的过程中，还应根据市场需求及本企业技术能力的不断提高，加强对专利技术的后续研究，以便使专利技术升级换代，确保本企业纺纱产品的技术含量和竞争优势。

4. 专利侵权救济阶段的保护战略

当纺纱企业的专利权被人侵犯，合法权益受到损害时，企业能否及时采取措施，对侵权行为加以有效制止，并获得合理赔偿，对企业而言，具有重大意义。

企业在专利侵权救济阶段的专利保护，应注意以下两个方面。

（1）专利侵权行为的识别和发现。要制止他人的侵权行为，首先，应学会识别侵权行为。根据我国《中华人民共和国专利法》的规定，专利侵权行为须具备以下两个条件：

专利侵权行为必须有实际的侵害行为发生。即侵权人未经专利权人的许可，实施了加工、使用、销售、进口专利产品或使用专利方法直接加工产品的行为。

侵犯专利权的行为必须是违法的行为。并非所有未经专利权人的同意，侵害其专利权的行为都属于专利侵权行为，如为科学研究和实验目的的使用、先用权人的使用、善意使用和销售某些专利产品、强制许可和计划许可等行为，就属于专利法规定的不视为专利侵权的行为。

要制止他人侵权行为，还要及时发现侵权行为，这就需要纺纱企业注意对各类市场信息和市场动态的搜集，同时加强对市场纱线产品的监控，尤其是对同行、竞争对手投放市场纱线产品的监控。这样，才能及时发现专利侵权行为，并采取措施加以制止，将企业损失降到最低。只有以上两个条件同时具备，该行为才构成专利侵权行为，专利权人才能制止侵权，要求赔偿。

（2）对专利侵权行为的处理。根据我国《中华人民共和国专利法》的规定和实践经验，纺纱企业在发现专利侵权行为后，可通过以下三种方式处理：

①双方和解。专利权人可先向侵权人发出警告信，指出其侵权事实，使其停止侵权，赔偿损失，或通过与对方协商、谈判，签订实施许可合同。

②向专利管理机关申请调查、处理。专利权人可在无法与对方和解的情况下，或不经和解直接向专利管理机关请求处理专利侵权纠纷。

③向人民法院起诉，专利权人也可通过诉讼来解决专利侵权纠纷，维护企业合法权益。

四、专利的类型与申报流程

1. 专利的类型

在我国，专利分为发明、实用新型和外观设计三种类型。

专利基础知识

我国《中华人民共和国专利法》对发明的定义是："发明是指对产品、方法或者其改进所提出的新的技术方案。"发明专利并不要求它是经过实践证明可以直接应用于工业生产的技术成果，它可以是一项解决技术问题的方案或是一种构思，具有在工业上应用的可能性，但这也不能将这种技术方案或构思与单纯地提出课题、设想相混同，因为单纯的课题、设想不具备工业上应用的可能性。

我国《中华人民共和国专利法》对实用新型的定义是："实用新型是指对产品的形状、构造或者其结合所提出的适于实用的新的技术方案。"同发明一样，实用新型保护的也是一个技术方案。但实用新型专利保护的范围较窄，它只保护有一定形状或结构的新产品，不保护方法以及没有固定形状的物质。实用新型的技术方案更注重实用性，其技术水平较发明而言要低一些，多数国家实用新型专利保护的都是比较简单的、改进性的技术发明，可以称为"小发明"。

我国《中华人民共和国专利法》对外观设计的定义是："外观设计是指对产品的形状、图案或其结合以及色彩与形状、图案的结合所作出的富有美感并适于工业应用的新设计。"外观设计与发明、实用新型有着明显的区别，外观设计注重的是设计人对一项产品的外观所作出的富于艺术性、具有美感的创造，但这种具有艺术性的创造，不是单纯的工艺品，它必须具有能够为产业上所应用的实用性。

国际上，人们为了保证技术信息传播的合作性和合理性，建立了PCT（专利合作协定，patent cooperation treaty），专利合作条约是专利领域的一项国际合作条约。图4-17为科研院所（盐城工业职业技术学院）申请的国际发明专利《一种定量分析方法》的专利合作协定。

图 4-17　国际发明专利 PCT

2. 专利的申报流程

依据《中华人民共和国专利法》，发明专利申请的审批程序包括：受理、初步审查、早期公布、实质审查以及授权 5 个阶段，而实用新型和外观设计申请不进行公布和实质审查，只有 3 个阶段。

（1）受理阶段。专利局收到专利申请后进行审查，如果符合受理条件，专利局将确定申请日，给予申请号，并且核实过文件清单后，发出受理通知书，通知申请人。

（2）初步审查阶段。经受理后的专利申请按照规定缴纳申请费的，自动进入初审阶段。初审前发明专利申请首先要进行保密审查，需要保密的，按保密程序处理。在初审时要对申请是否存在明显缺陷进行审查，主要包括审查内容是否属于《中华人民共和国专利法》中不授予专利权的范围，是否明显缺乏技术内容不能构成技术方案，是否缺乏单一性，申请文件是否齐备及格式是否符合要求。对于实用新型和外观设计专利申请，除进行上述审查外，还要审查是否明显与已有专利相同，不是一个新的技术方案或者新的设计，经初审未发现驳回理由的，将直接进入授权秩序。

（3）公布阶段。发明专利申请从发出初审合格通知书起进入公布阶段，如果申请人没有提出提前公开的请求，要等到申请日起满 15 个月才进入公开准备程序。如果申请人请求提前公开的，则申请立即进入公开准备程序。

（4）实质审查阶段。发明专利申请公布以后，如果申请人已经提出实质审查请求并已生效的，申请人进入实审程序。如果发明专利申请自申请日起满三年还未提出实审请求，或者实审请求未生效的，该申请即被视为撤回。在实审期间将对专利申请是否具有新颖性、创造性、实用性以及专利法规定的其他实质性条件进行全面审查。实质审查中未发现驳回理由的，将按规定进入授权程序。

（5）授权阶段。实用新型和外观设计专利申请经初步审查以及发明专利申请经实质审查未发现驳回理由的，由审查员作出授权通知，申请进入授权登记准备，经对授权文本的法律效力和完整性进行复核，对专利申请的著录项目进行校对、修改后，专利局发出授权通知书和办理登记手续通知书，申请人接到通知书后应当在 2 个月之内按照通知的要求办理登记手续并缴纳规定的费用，按期办理登记手续的，专利局将授予专利权，颁发专利证书，在专利登记簿上记录，并在 2 个月后于专利公报上公告，未按规定办理登记手续的，视为放弃取得专利权的权利。

五、专利的撰写

申请专利时提交的法律文件必须采用书面形式，并按照规定的统一格式填写。申请不同类型的专利，需要准备不同的文件。

1. 发明专利的撰写

发明专利的申请文件应当包括：发明专利请求书、说明书（必要时应当有说明书附图）、权利要求书、摘要及其附图（具有说明书附图时须提供）。举例发明专利《赛络纺粒子竹节纱》（CN 101760826A）的公开文件权利要求书、说明书及说明书附图，样式如下。

专利撰写
与申请

权利要求书：

［1］赛络纺粒子竹节纱，包括：间隔缠绕加捻在一起的两股须条，其特征在于：所述的纱线上还间隔设置有凸起的竹节段，在竹节段上还设置有粒子段。

说明书：

技术领域

［0001］本发明涉及到一种赛络纺粒子竹节纱。

背景技术

［0002］赛络纺纱线的生产方法是：将两根保持一定间距的粗纱平行喂入细纱机同一牵伸区，牵伸后，由前罗拉输出两根单纱须条，两根单纱须条上各有少量捻回，最终汇合在一起，进一步加捻成类似股线的"赛络纱"。在赛络纺纱线结构中，成纱与单股均有一定的捻度，因此，赛络纺成纱过程中实际上进行了两次加捻，纺出的纱与普通纱效果不一样，

其单纱与成纱具有相同的加捻效果，而纱线外表光洁、平滑、毛羽少，虽然是单纱，但有股线的效果，可部分取代股线，因而耐磨性好。

[0003]"粒子纱"又称"结子纱"，是纱疵名称的一种，在细纱机上可以利用"粒子纱装置"生产粒子纱，其纺纱原理是：使细纱机中皮辊水平位移，活套在中皮辊上皮圈与套在中罗拉下皮圈产生搓捻，上、下皮圈上有一特殊装置，搓捻使须条产生"粒子"，粒子大小由中皮辊水平位移量来控制。

[0004]"竹节纱"也是纱疵名称的一种，在细纱机上可以利用改变细纱机罗拉速度的方式生产竹节纱，其纺纱原理是：由竹节发生装置瞬间改变细纱机输入或输出罗拉的速度，即增大喂入量或减少输出量，使牵伸装置的牵伸倍数变小，从而产生竹节。竹节的粗度，由罗拉的速度变化量来控制；竹节的长度，根据变化速度的运行时间控制；两竹节之间的长度，在竹节控制装置上设置确定。

[0005]上述三种纱的缺点是：风格单一，不能兼有多种优点，通常只能用于普通的纺织面料，无法用于高档的纺织面料。

发明内容

[0006]本发明所要解决的一个技术问题是：提供一种风格独特多样、同时具有上述三种纱的优点、并能用于高档纺织面料的赛络纺粒子竹节纱。

[0007]为解决上述技术问题，本发明采用的技术方案为：赛络纺粒子竹节纱，包括：间隔缠绕加捻在一起的两股须条，在所述的纱线上还间隔设置有凸起的竹节段，在竹节段上还设置有粒子段。

[0008]本发明的有益效果是：本发明所述的赛络纺粒子竹节纱同时具有赛络纺纱、粒子纱和竹节纱的优点，即：①赛络纺纱两根粗纱须条可以是不同纤维，也可以是相同的纤维或是两根相同混纺比例的纤维，用这种纱织成的织物经单染一种纤维或两种纤维用不同的颜色双染，织物可呈现一种丰满活泼的风格，立体感较强，而且外表光洁、平滑、毛羽少；②具有布面点状和段状立体感强，风格特别，个性化强，可以在许多纺织品中广泛使用。

附图说明

[0009]图4-18是本发明所述的赛络纺粒子竹节纱的结构示意图。

[0010]图4-19是本发明所述的赛络纺粒子竹节纱的生产工艺示意图。

说明书附图：

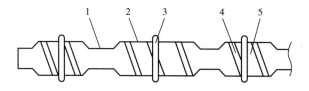

图4-18　赛络纺粒子竹节纱

1—纱线　2—竹节段　3—粒子段　4—须条　5—须条

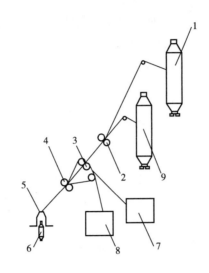

图4-19 赛络纺粒子竹节纱的生产工艺

1—纱锭 2—后罗拉 3—中罗拉 4—前罗拉 5—导纱钩 6—管纱

7—竹节发生装置 8—粒子发生装置 9—纱锭

具体实施方式

[0011] 下面结合图4-18和图4-19和具体实施例对本发明作进一步的描述。

[0012] 如图4-18所示，本发明所述的赛络纺粒子竹节纱，包括：间隔缠绕加捻在一起的两股须条4和5，在纱线1上还间隔设置有凸起的竹节段2，在竹节段2上还设置有粒子段3。所述的两股须条4和5可以由相同的纤维构成，也可以由不同种类的纤维构成；所述的竹节段2可以是等径竹节、变径竹节、变支竹节或节中竹节；所述的粒子段3可以是等径粒子、变径粒子或异径粒子等。

[0013] 如图4-19所示，所述的赛络纺粒子竹节纱的生产方式简述如下：将分别绕在两个纱锭1和9上的两根粗纱保持一定间距平行喂入细纱机同一牵伸区，进行牵伸，先经过后罗拉2、中罗拉3，再由前罗拉4输出两股单纱须条。在此过程中，竹节发生装置7会瞬间改变细纱机输入或输出罗拉的速度，即增大喂入量或减少输出量，使牵伸装置的牵伸倍数变小，从而产生竹节。在此过程中，粒子发生装置8会瞬间使细纱机中皮辊水平位移（中罗拉3的上方）、活套在中皮辊上皮圈与下皮圈（套在中罗拉）产生搓捻，上、下皮圈上有一特殊装置，搓捻使须条产生"粒子"，粒子大小由中皮辊水平位移量来控制。两股单纱须条最终汇合在一起，经导纱钩5后得到管纱6；经上述生产工艺就可得到本发明所述的赛络纺粒子竹节纱。

2. 实用新型专利的撰写

申请实用新型专利的，申请文件应当包括：实用新型专利请求书、说明书、说明书附图、权利要求书、摘要及其附图。举例实用新型专利《一种具有自清洁功能的混纺纱线》（CN 204039605U）的公开文件权利要求书、说明书及说明书附图，样式如下。

权利要求书：

［1］一种具有自清洁功能的混纺纱线，其特征在于：分为表层和芯层两个区域，芯层为天丝纤维，表层为木纤维、羊绒和绢丝。

说明书：

技术领域

［0001］本实用新型涉及功能性纤维制品领域，确切地说是一种具有自清洁功能的混纺纱线。

背景技术

［0002］木纤维是采用美洲落叶树木为原料，经蒸煮成浆再纺丝而成，具有较强的吸水性和一定的抑菌及自清洁功能，废弃后可自然分解，是一种绿色环保的新型纤维原料。目前木纤维虽已被用作开发毛巾和服装等面料产品，但是因为纯木纤维纺织品的强力较低、手感偏硬，特别是湿强下降尤为突出，导致其在纺织领域的应用寿命和范围受到较大限制。天丝是一种再生纤维素纤维，其干强力略低于涤纶，湿强比普通黏胶纤维有明显改善，具有高吸湿性、良好的水洗尺寸稳定性、柔软的手感和优异的悬垂性等优势，并且在加工、生产和废弃等环节均对环境无污染，也是一种公认的绿色环保纤维。

［0003］羊绒作为一种稀有的动物蛋白纤维，由于其性能优异但来源稀缺，素有"软黄金"之称，故主要用来开发高档面料产品，其高昂的价格使其受众范围较小。绢丝虽是真丝产业的下脚料，但因其具有柔软、吸湿和富有光泽等众多优异性能，纺织产品开发人员也在积极对绢丝进行综合利用并不断拓展其应用领域。

发明内容

［0004］本实用新型的目的在于克服以上不足，提供一种具有自清洁功能的混纺纱线，所述具有自清洁功能的混纺纱线由天丝、木纤维、羊绒和绢丝四种纤维分别染色后按照40：30：15：15的质量比组成，且分为表层和芯层两个区域，芯层为天丝纤维，表层为木纤维、羊绒和绢丝三种纤维，纱线细度为15~28tex。

［0005］本实用新型的技术解决方案是：一种具有自清洁功能的混纺纱线，由天丝、木纤维、羊绒和绢丝四种纤维先分别经过染色处理，再按照40：30：15：15的质量比进行混合，然后依次经过开清、梳理、并条、粗纱和细纱工序，因为天丝纤维比其他三种纤维长且细，在粗纱和细纱工序的加捻过程中被转移至纱线芯层，而木纤维、羊绒和绢丝分布于纱线的表层，最终纺制而成细度为15~28tex的四组分混纺纱线。

［0006］本实用新型的显著效果是，将木纤维与湿强和手感较好的天丝进行混纺，既弥补了木纤维湿强较低和手感偏硬的缺陷、延长其使用寿命，又能发挥木纤维自身所具有的抑菌及自清洁功能；采用羊绒和绢丝两种天然动物蛋白纤维与木纤维进行混纺，可改善木纤维面料的手感，同时使面料具有较好的亲肤效果，提高了产品的档次，拓展了木纤维的产品种类及应用范围。

附图说明

［0007］图4-20是本实用新型的一种具有自清洁功能的混纺纱线的横截面示意图。

说明书附图：

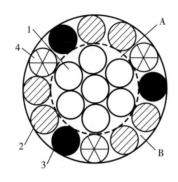

图4-20　自清洁混纺纱线的横截面示意图

A—芯层　B—表层　1—天丝　2—木纤维　3—羊绒　4—绢丝

具体实施方式

［0008］下面结合图4-20对本实用新型作进一步详述。

［0009］图4-20为本实用新型的一种具体实施例，一种具有自清洁功能的混纺纱线，由分别染色后的天丝1、木纤维2、羊绒3和绢丝4按照40∶30∶15∶15的质量比进行混合纺纱，纱线分为芯层和表层，芯层为天丝纤维，表层为木纤维、羊绒和绢丝，纱线细度为18tex。

［0010］本实施案例所述具有自清洁功能的混纺纱线的加工工艺包括2部分。

［0011］纤维染色及前处理工艺：天丝1的细度为1.13dtex、长度为38mm，采用活性染料染成红色；木纤维2的细度为1.4dtex、长度为33mm，采用直接染料染成蓝色；羊绒3的细度为1.38dtex、长度为35mm，采用酸性染料染成黑色；绢丝4的细度为1.57dtex、长度为34mm，采用活性染料染成芥黄色。采取了加湿养生预处理来改善纤维回潮率的措施，以减少纺纱过程中静电现象造成纤维绕罗拉等问题。处理配方为：抗静电剂0.5%、平平加0.5%、硅油0.25%、水10%，纤维加湿后需等待24h。

［0012］纺纱流程及工艺：采用FA002型圆盘自动抓棉机，染色后的天丝1、木纤维2、羊绒3和绢丝4按照质量比40∶30∶15∶15进行投料。经FA022多仓混棉机、FA106A豪猪式开棉机、FA141A单打手成卷机、FA201B梳棉机、FA306并条机等纺纱设备进行加工，形成定量为17g/5m的熟条。在FA458A型粗纱机上，采取捻系数105，后区牵伸倍数1.3，前罗拉速度190r/min等工艺参数，得到定量为4.3g/10m的粗纱。然后在FA507B环锭细纱机上进行柔洁纺改造，柔洁纺纱的细纱工艺参数为：锭速8000r/min，捻系数300，后区牵伸倍数1.30，罗拉隔距18mm×30mm，前罗拉转速220~230r/min。最终得到细度为18tex的具有自清洁功能的天丝/木纤维/羊绒/绢丝混纺纱线，且纱线分为芯层和表层，芯层为天丝

纤维，表层为木纤维、羊绒和绢丝。

3. 外观设计专利的撰写

申请外观设计的，申请文件应当包括：外观设计专利请求书、图片或者照片，以及外观设计简要说明。

【任务实施】

根据前期试纺工作技术报告或资料，了解专利文件起草规范和要求，结合新型纱线实用新型专利申报材料案例，模仿撰写设计新型纱线产品的权利要求书、说明书等文件，并尝试进行专利的申报。

【课外拓展】

（1）登录国家知识产权局官网，学习检索查询所需专利信息，学会查看专利状态。

（2）检索新型纱线产品的相关发明专利和实用新型专利，仔细阅读其公开文件内容，了解起草相关文件的注意要点。

（3）了解发明专利的文件起草规范和要求，并尝试对设计新型纱线进行发明专利的撰写。

任务六　研发成果推广与反思

【任务导入】

为进一步加快创新成果向现实生产力转化，国务院办公厅先后颁发了《知识产权强国建设纲要（2021—2035年）》和《"十四五"国家知识产权保护和运用规划》，科技成果转化同样也是《建设纺织现代化产业体系行动纲要（2022—2035年）》的重要组成部分，各省市政府、各级行业协会积极响应，通过搭建产教融合平台、行业峰会、计划立项、创新创业竞赛、树立典型等多种形式为科技成果转化打通"最后一公里"。

在前期的新产品项目研发过程中，已完成了新产品的知识产品保护（申报相关专利）及成果评价（新产品成果鉴定）等工作，获得了新产品的成熟技术路线和工艺方案，可进一步进行大样生产。本次任务中，将体验通过建立稳固的校、企、相关服务平台等多方合作关系，将研发成果进行产品升级与推广，将科技成果转化为现实生产力。

【知识准备】

新型纱线研发科技成果推广转化是纺纱行业科技成果管理工作的重要组成部分，是推动纺织产业结构调整和发展方式转变的重要途径。现阶段纺织工业和信息化发展的主要任务是加快纺织工业全面转型升级，全面提升纺织企业的信息化水平。要实现上述战略任务，最关键的是依靠纺织科技创新，而其中新型纱线的研发科技成果推广转化是实现纺纱科技创新成果向现实生产力转化、提升纺纱产业技术水平和自主创新能力的重要手段。因此，推动纺纱工业和信息化领域科技成果加速转化，对促进纺织工业全面转型升级具有十分重要的意义。

一、新型纺纱工业领域科技成果转化的重要意义

新型纱线研发科技成果转化是纺纱科学技术转化为生产力的重要实践途径，是实现纺纱科技与经济紧密结合的关键环节。作为生产力要素核心的科学技术，只有转化为新型纱线产品和产业，才能更好地实现其价值，才能更好地发挥新型纱线的科技进步和创新对加快转变经济发展方式的支撑作用，显著提升经济社会发展的纺织科技含量，促进纺织先进科技与产业深度融合。

（1）发挥新型纺纱工业在纺织科技创新和成果转化、应用主体作用的现实需要。纺纱工业是纺织科技创新和科技成果转化、应用的主力军。在国家科技重大专项等科技计划的带动下，通过加强纺纱企业工业自主创新，开展纺织行业重大关键技术的攻关和集成创新，纺织工业和信息化领域将取得大量的科技成果，迫切需要加大纺织工业领域科技成果推广转化力度，促进科技成果产业化，推动产业技术水平提升和新兴产业发展。

（2）为纺纱产业转型升级提供技术支撑的迫切需要。纺纱技术科技进步和创新是推进纺织工业转型升级的中心环节，要发挥纺纱科技创新对于纺织工业转型升级的支撑作用，必须大力推动新型纱线科技创新成果向产业推广应用和转化。通过大力加强纺纱科技成果推广转化，组织实施新型纺纱先进适用技术和新型纺纱行业共性技术的推广应用、技术应用试点示范、搭建新型纱线成果推广转化服务平台、组织新型纺纱成果展示交流活动等工作，可加速纺纱行业共性关键技术和适合纺纱行业特点的两化融合技术与成果的推广应用，推动新型纺纱高新技术和先进适用技术改造提升传统纺纱产业，促进纺纱工业和信息化领域产学研结合，从而为纺织工业转型升级提供有力的技术支撑。

（3）履行科技公共服务职能，为纺织行业提供新型纺纱科技成果推广转化公共服务的迫切需要。新型纺纱科技成果推广转化是涉及纺纱企业、多种要素和多个环节的系统工程，纺织类高校、纺织科研院所和纺纱企业围绕科技成果推广转化全过程，在新型纺纱成果信息服务、成果评价、知识产权保护、技术交易、融资、专家咨询等方面存在强烈的科技公共服务需求，目前新型纱线科技成果推广转化公共服务机构和服务平台多依托地方省市建立，迫切需要加强纺织工业领域专业性成果推广转化服务机构和服务体系建设，为纺织行业提供综合集成的成果推广转化公共服务。

盐城工业职业技术学院一直与企业保持紧密合作，先后与多家新型纺织企业共同合作申报省产学研前瞻性项目，并将科技成果积极转化，图4-21为盐城工业职业技术学院与江苏中恒纺织有限责任公司共同申报合作完成的江苏省产学研项目——生物质纤维功能性色纺花式产品产业化开发，并成功实现了项目研究成果的转化，为企业稳定生产经营，稳定社会效益和企业经济效益发挥了重要作用。通过本项目的实施，改善了企业生存状况，增

加吸收农村剩余劳动力，为全面建成小康社会，实现员工薪酬翻番提供了有力保障，可见，这些成果的推广开创了生物质超短细柔纤维应用于高档纺织品的新思路，在推进企业产品结构调整，促进传统优势产业转型升级等多方面具有应用优势，将对未来众多天然生物质纤维和废弃纺织品纤维循环再生开发利用提供重要的技术支撑。

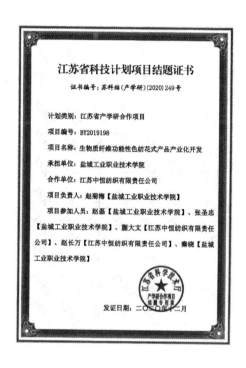

图 4-21　产学研结题证书

二、新型纺纱领域科技成果转化工作现状和存在的问题

经过几十年的改革发展，纺织工业领域纺纱科技成果转化的政策环境不断完善，产学研相结合的科技体制改革不断推进，新型纱线的科技成果转化工作取得显著成效。

（1）纺织工业领域产学研用结合不断推进，新型纺纱科技成果推广转化的体制障碍逐渐消除。一方面纺纱企业已成为新型纺纱技术研发主体，面向市场的科技资源配置格局初步形成。另一方面，通过改革和纺织类高校和科研院所进行产学研结合，纺纱企业和纺织科研院所可直接根据市场需求进行新型纺纱技术研发决策和面向纱线市场进行成果转化，从源头上实现了新型纺纱科技成果与纱线市场对接。

（2）纺织科研院所和纺织类高校科技成果转化能力大幅提高。通过产学结合、校企合作、开放实验室、共建技术平台、建设大学科技园等多种方式，纺织科研院所和纺织类高校及其科研人员参与到新型纺纱产业中实施科技成果转化，一些纺织类高校科技园已形成了较大产值的纱线研究与开发产业集群。

（3）财政支持纺纱科技成果转化和产业化的力度不断加大。自 2010 年起中华人民共和国工业和信息化部与财政部还专门设立了国家重大科技成果转化项目支持重大科技成果转化和产业化，财政支持力度不断加大。

（4）促进纺织工业领域科技成果转化的外部环境不断改善。纺织行业设立了专门的科技成果推广转化服务机构，纺织行业性的科技企业孵化器、生产力促进中心等成果推广转化中介服务机构发展壮大，各类高新区、示范基地可成为转化新型纺纱科技成果、培育新型纺纱特色产业的重要基地。虽然纺织工业领域科技成果转化和产业化工作取得了一定的成效，但当前纺织行业科研院所和纺织类高校的科技成果与纺纱企业技术进步的需求还存在一定程度的脱节，纺织工业领域科技成果推广转化服务体系还不健全，支撑新型纺纱科技成果转化的投资非常薄弱，能够吸纳纺纱科技成果的新兴产业发展缓慢，这些问题影响了纺织工业领域科技成果的应用转化。

【任务实施】

搜集新产品的工艺技术报告、专利、成果鉴定等技术资料，寻求恰当的企业或机构合作进行科技成果转化。

【课外拓展】

（1）了解本地域对于科技成果转化的相关政策支持，为后期的产品研发提供指引。

（2）搜集新产品相关技术资料，尝试进行各级各类科技成果转化项目的申报。

➢ 【课后提升】

任务七　智能可穿戴纱线的设计与开发

【任务导入】

随着传感器、纳米技术、微电子技术的不断发展，推动了智能纺织品在健康监测、运动追踪等方面的应用创新，人们对服装的需求从基本的保温和美观需求，逐步向功能复合化与智能集成化发展。智能可穿戴纺织品已经实现了从概念到现实的转化，并呈现出快速发展的态势。2024 年，全球智能纺织品市场销售额达到了 50.93 亿美元，预测数据显示，到 2031 年，全球智能纺织品市场销售额预计将达到 171.3 亿美元，年复合增长率（CAGR）为 19.2%（2025—2031 年）。

智能可穿戴纺织品是结合现代科技与传统纺织技术的创新产品，具有感知和反应双重功能，不仅能感知外部环境或内部状态的变化，还能通过反馈机制实时地对这种变化作出反应。这些纺织品通常将导电线、传感器、微控制器和其他电子元件无缝地编织到织物结构中，从而实现了健康监测、环境适应、信息交互等多种功能。

接下来探索如何运用碳纳米管、还原氧化石墨烯等前沿材料，共同设计一款创新性的智能可穿戴纺织品专用导电传感纱线。

【任务实施】

一、设计构思

柔性应变传感器凭借其良好的柔韧性、舒适性、便携性已经在运动检测、医疗健康、智能防护等领域得到了广泛的应用。目前柔性应变传感器的研究已经取得了较大的进展，碳纳米管、石墨烯、导电聚合物、金属纳米材料等导电材料通过各种方式与柔性基底结合，形成导电通路。为了解决柔性应变传感器灵敏度较差、应变范围较窄、牢度不高等问题，设计了一种以聚氨酯细丝为芯，以碳纳米管和还原氧化石墨烯构成的三维导电网络为鞘的应变传感纱线，并采用热致变色油墨为保护层，使应变传感纱线兼具变色功能。

相比于导电性较差的导电聚合物和不稳定性的金属纳米材料，碳材料具有优异的力学性能、电导率和化学稳定性，得到研究者的青睐。石墨烯作为最薄的二维碳纳米材料，具有超大的比表面积和出色的应变敏感性，但因范德瓦耳斯导致的难分散、易团聚等缺点也使其应用范围受到了限制。本设计采用还原氧化石墨烯（rGO）材料，可有效克服难分散问题，但同时也出现了载流电子迁移缺陷。为改善这一缺陷，引入一维碳纳米管（CNT）材料，其具有突出的长径比、力学性能和导电性。当氧化石墨烯与碳纳米管复合时，二者互相促进分散，同时由于结构相似，碳纳米管很容易插入到氧化石墨烯片层中，通过非共价键形成比单一材料更复杂、稳定的三维导电网络结构，弥补了还原氧化石墨烯导电性较差的缺陷。首先将碳纳米管和氧化石墨烯通过技术手段制备成 CNT/GO 导电墨水，随后将聚氨酯纱线浸入 CNT/GO 导电墨水溶胀处理，经烘干和还原后，涂抹热致变色油墨，制得 CNT/rGO/PU 变色传感纱线。

二、主要制备过程

1. 材料与仪器

材料：人造石墨［型号 282863，西格玛奥德里奇（上海）贸易有限公司］；聚氨酯纱线（2777dtex/（150F），阿里巴巴有限公司）；羧基化单壁碳纳米管水分散液（型号 101948，江苏先丰纳米材料科技有限公司）；水性聚氨酯（型号 F0401，深圳市吉田化工有限公司）；热致变色油墨（深圳千色变新材料科技有限公司）；783 型油墨稀释剂（惠州市华士德化工有限公司）；浓硫酸、高锰酸钾、30%过氧化氢、盐酸、氨水、无水乙醇、N,N-二甲基甲酰胺（分析纯，国药集团化学试剂有限公司）。

仪器：PTT-铜 500 型电子天平（福州华志科学仪器有限公司）；TG16-WS 型离心机（湖南湘仪科学仪器有限公司）；13-0232 型超声波清洗机（宁波新芝生物科技股份有限公司）；DHG-9164A 型电热恒温鼓风干燥箱（上海精宏实验设备有限公司产品）；34465A 型数字万用表（东莞诚信电子仪器仪表有限公司）；CTM2000 型万能拉力试验机（东莞市思

泰仪器有限公司）；EUT2203 型电子万能测试机（深圳三思检测技术有限公司）；FLIR ONE PRO 红外热成像仪（菲利尔系统公司）。

2. 导电墨水的制备

氧化石墨烯分散液的制备采用改进的 Hummers 法，步骤如下：称取 3g 石墨粉加入 70mL 浓硫酸（冰浴）中，剧烈搅拌充分混合反应后将 9g 高锰酸钾缓慢加入混合物中，整个过程保持温度不超过 20℃；将反应容器转移至 40℃ 油浴锅中搅拌并加热 30min，然后加入 150mL 去离子水并升温至 95℃搅拌 15min；加热结束继续搅拌，冷却后加入 500mL 去离子水及 15mL 过氧化氢溶液（30%）；然后用 250mL 盐酸（1∶10）和去离子水离心洗涤至上清液 pH 达到 7，超声波处理 20min 并浓缩至 5mg/mL 待后续使用。

CNT/GO 导电墨水的制备：取 10mL 氧化石墨烯分散液超声波处理 10min，向其中滴加氨水至 pH 为 7；然后不断搅拌并向其滴加 5mL 质量浓度为 10mg/mL 的羧基化单壁碳纳米管分散液；最后向混合溶液中滴加 10mg 水性聚氨酯，以增强导电墨水与纱线的黏附性，混合均匀即得 CNT/GO 导电墨水。作为对比，取 10mL 调节后 pH 为 7 的氧化石墨烯分散液，滴加 5mg 水性聚氨酯制得氧化石墨烯导电墨水。

3. 变色传感纱线的制备

将聚氨酯纱线用去离子水和乙醇分别超声波清洗 15min，用 N，N－二甲基甲酰胺浸泡 1h 进行溶胀处理。随后在室温（25℃）下将纱线浸入 CNT/GO 导电墨水中 20min，取出烘干并重复此过程至纱线质量增加 13%～15%；然后将纱线置于 200℃烘箱中热还原 15min；最后取 15g 热致变色油墨，用 1g 油墨稀释剂稀释后均匀涂抹在复合纱线上，制得 CNT/rGO/PU 变色传感纱线。作为对比，将经过同样预处理的纱线浸入氧化石墨烯导电墨水中，后续处理不变，制得 rGO 复合纱线。

三、性能测试

采用 CTM2000 型万能拉力试验机对应变传感纱线进行不同程度的拉伸循环，同时使用 34465A 型数字万用表和 EUT2203 型电子万能测试机记录纱线在拉伸过程中的电阻实时变化。

采用 FLIR ONE PRO 红外相机对变色传感纱线进行电热性能、变色性能测试。

1. 拉伸传感性能测试

灵敏度（GF）和应变范围是评价柔性传感器的重要指标，CNT/rGO/PU 电热变色传感纱线灵敏度的测试结果显示，当纱线伸长率在 70% 以下时，应变传感纱线的灵敏度为 11.47，当纱线伸长率在 80%～100%时，应变传感纱线的灵敏度可达 32.31。当拉伸应变达到 20%以上时，变色传感纱线的电阻相对变化迅速增加，当拉伸应变达到 100%时，仍能检测到电信号，并且电阻的相对变化非常大，说明传感纱线响应灵敏。无论是 10%以内的小应变还是 20%～100%的大应变，变色传感纱线的电阻变化率都能随拉伸周期性变化，且变化率的最大值与最小值也相对稳定，说明变色传感纱线的应变范围广、重复拉伸性能好。

2. 电热变色性能

随着负载电压的升高，变色传感纱线平衡温度也逐渐升高，在 4V 时升温至 60℃，达到了热致变色油墨变色所需温度。与单一的 rGO 为导电介质相比，CNT 的加入大幅提高了纱线的电热性能，使其在低电压下即可产生足够的热量，同时变色传感纱线能够迅速升温、降温，15s 内完成升温过程、10s 内完成降温过程，由此可以实现纱线变色主动且迅速的控制功能。热效变色油墨在通电产生的热量影响下会由黑色变为橙色。导电网络在导电过程中发生热阻效应，产生焦耳热，当温度达到热致变色材料的临界温度时，热能可以驱动变色材料改变颜色，因此可以通过电流的通断控制纤维的主动变色，实现柔性传感器的多功能化。

参考文献

［1］ 覃小红，王善元．新型纺织纱线［M］.2 版．上海：东华大学出版社，2021.

［2］ 沈兰萍．新型纺织产品设计与生产［M］.3 版．北京：中国纺织出版社有限公司，2022.

［3］ 范文东．色彩搭配原理与技巧［M］.2 版．北京：清华大学出版社，2018.

［4］ 刘梅城．纺纱工艺设计与实施［M］.上海：东华大学出版社，2019.

［5］ 钱建栋．染色打样技术［M］.2 版．上海：东华大学出版社，2019.

［6］ 胡源．纺织品服装市场调研与预测［M］.北京：中国纺织出版社，2019.

［7］ 郁崇文．纺纱学［M］.4 版．北京：中国纺织出版社有限公司，2023.

［8］ 韩文泉．纺织企业生产管理与成本核算［M］.北京：中国劳动社会保障出版社，2013.

［9］ 周惠煜，刘军，冯翠，等．花式纱线开发与应用［M］.北京：中国纺织出版社，2012.

［10］ 任毅，夏锐，刘宇杰，等．碳纳米管/还原氧化石墨烯/聚氨酯电热变色传感纱线的制备及其性能［J］.毛纺科技，2024，52（5）：6-11.

［11］ 张会青，马洪才，王秀燕，等．喷气涡流纺长片段竹节段彩纱的设计与生产［J］.棉纺织技术，2024，52（8）：77-80.

［12］ 王晓梅，何巧英，温南华．涤纶/棉/苎麻赛络包芯纱的纺制及其性能测试［J］.毛纺科技，2023，51（10）：8-13.

［13］ 陈文，刘显煜，李杰，等．细旦黏胶/锦纶 6 赛络紧密纺纱线的制备与质量控制［J］.纺织导报，2023（2）：42-45.

［14］ 邹专勇，缪璐璐，董正梅，等．喷气涡流纺工艺对黏胶/涤纶包芯纱性能的影响［J］.纺织学报，2022，43（8）：27-33.

［15］ 郭宇微．抗菌保暖包芯包缠复合纱的生产［J］.棉纺织技术，2021，49（5）：56-60.

［16］ 刘国奇，唐佩君，刘东升，等．色纺牛仔赛络竹节纱的开发［J］.棉纺织技术，2014，42（4）：50-53.